活出真正的自己

本当の自分を生きる

（日）榎本英刚 ◎ 著
戴　邈　王晨燕 ◎ 译
赵大亮 ◎ 审译

开启人生新可能的八个关键信息

中华工商联合出版社

图书在版编目（CIP）数据

活出真正的自己 /（日）榎本英刚著；戴邈，王晨燕译. -- 北京：中华工商联合出版社，2022.7
ISBN 978-7-5158-3430-6

Ⅰ. ①活… Ⅱ. ①榎… ②戴… ③王… Ⅲ. ①自我意识—通俗读物 Ⅳ. ① B844-49

中国版本图书馆 CIP 数据核字（2022）第 076166 号

"HONTO NO JIBUN WO IKIRU" by HIDETAKE ENOMOTO
Copyright © 2017 Hidetake Enomoto
All Rights Reserved.
Original Japanese edition published by Shunjusha Publishing Company
This Simplified Chinese Language Edition is published by arrangement with Shunjusha Publishing Company through East West Culture & Media Co., Ltd., Tokyo

活出真正的自己

作　　者：	（日）榎本英刚
译　　者：	戴　邈　王晨燕
出 品 人：	刘　刚
责任编辑：	吴建新　林　立
装帧设计：	张合涛
责任审读：	郭敬梅
责任印制：	迈致红
出版发行：	中华工商联合出版社有限责任公司
印　　刷：	北京毅峰迅捷印刷有限公司
版　　次：	2023 年 4 月第 1 版
印　　次：	2024 年 1 月第 2 次印刷
开　　本：	880mm×1230 mm　1/32
字　　数：	97 千字
印　　张：	7
书　　号：	ISBN 978-7-5158-3430-6
定　　价：	39.90 元

服务热线：010-58301130-0（前台）
销售热线：010-58301132（发行部）
　　　　　　010-58302977（网络部）
　　　　　　010-58302837（馆配部）
　　　　　　010-58302813（团购部）
地址邮编：北京市西城区西环广场 A 座
　　　　　　19-20 层，100044
http://www.chgslcbs.cn
投稿热线：010-58302907（总编室）
投稿邮箱：1621239583@qq.com

工商联版图书
版权所有　侵权必究

凡本社图书出现印装质量问题，请与印务部联系。
联系电话：010-58302915

前言

首先,我想向选择这本书的读者表示衷心的感谢。

接下来,我也想向各位读者了解一些问题。比如,您为何会选择我这本书?是偶然路过书店被书名吸引?还是由于友人的推荐?我想不论是何种缘由,正是由于各位的内心生发出了"现如今,我究竟如何才能活出真正的自己"这样的疑问,才会想要读一读这本书吧。

"活出真正的自己",换个说法也可以是"活出自己的样子"。好不容易来到这个世界上,谁不想就做自己,而不做别人的附庸,活出属于自己的人生呢?这也就是我们所说的"活出真正的自己"。然而,"活出真正的自己"绝不仅仅是"过与众不同的人生"。我一直认为一个人生来就有他(她)应该经历的人生,去自我探寻活出那样的人生,这才是"活出真正的自己"。

● 活出真正的自己

创作本书的目的

那么，究竟如何才能活出真正的自己呢？这个问题有关本书的主旨。透过自己的人生来思考，并与读者分享实践成果，是我撰写本书的目的。不过，这个问题怕是没有统一答案的，我在书中介绍的内容也不过是万千答案中的一种而已。即便是这样，为何我还愿意大胆地与诸位分享呢？因为我觉得我的心得感受与一般的标准和常识大为不同。

人们在遇到不同的思考方式时，往往会有意识上的动摇，也就是说可能会对自己确信无疑的事情产生疑问，当然这绝不是令人愉悦的感受。但是，在经过这番动摇，对于自己一直以来的想法产生怀疑之后，往往头脑中又会冒出一些新的选项。这种经历，也许与我们在海外旅行时感受到的文化冲击有相似之处。很多人一定有下面类似的经历，在一开始接触到与本国完全不同的风俗文化时感到不适或迷茫，但渐渐习惯后会发觉"也许的确有那样的想法和做法"，于是相应的自身的接纳程度也得到了扩展。

同样，读了本书后，你的心中也许会产生一些波动，会思考"该如何度过接下来的人生"。如果你有了新的选项,那么我撰写此书的价值也就充分得以体现了。换言之,不是照着书中所说去做就万事大吉了,能以此为契机开始思考接下来要如何度过自己的一生,才是我希望通过本书带给读者的启示。因为关于如何活出真正的自己,只有我们自己才有答案。

本书诞生的历程

2012年12月19日,在48岁生日之际,我创立了"更好生活研究所"。那时我为研究所开设了主页,为了在主页上向人们介绍我自己,我以"人生旅途"为题,回顾了自己步入社会后的人生经历。我将20年来的大事记以3—5年为一个阶段进行划分,汇总成了八段小故事,并在故事中将我认为对于"活出真正的自己"而言非常重要的行动准则以"关键信息"的形式进行了阐述。

在主页开设一段时间后,有很多网友建议道:"这么有趣的故事,只在这个主页上刊载怪可惜的,不如换做其他什么形式跟大家分享一下。"于是,我在东京的一家咖啡厅租借了一小块场地,以"更好生活咖啡馆"为名,

● 活出真正的自己

每天晚上抽出两个小时，和一些朋友分享我人生之旅中的一到两个小趣事，以及与之相关的"关键信息"，并且组织大家进行讨论。

讲自己的故事，还要求别人一起探讨，这种形式乍一看让人觉得很自以为是，最初我也很担心会不会有人愿意来参加。然而出乎意料的是，这个活动在开启之后，每次大概都有20多人参与，而且气氛非常热烈，结果我一连办了好几场。看着大家热烈讨论的场景，我悟到好像已经有什么东西超越了我的故事本身。

为了探明通过"更好生活咖啡馆"自己究竟感悟到了什么，我又开办了"更好生活课堂"。我将参加人数缩减到十人左右，按照四个系列，逐一针对所有的趣事和关键信息进行更彻底的探讨。我自己也参与讨论，反复阐述每一个关键信息，在这个过程中，蕴藏于其中的深意逐渐清晰起来。"更好生活课堂"虽然一共只举办了三期，但我看到大家对于人生又有了新的看法和发现，并因此获得了前行的力量。于是，在第三期活动结束的时候，我开始非常认真地考虑要写一本书，一本以这些对话探讨为基本内容的书。此后虽因一些事由耽搁了一段时日，但好在后来我有幸遇到了对这些构想表示认可的出版社，承蒙不弃，此书得以问世。

该如何阅读本书？

本书由八段小逸事、与之对应的八个关键信息及解说构成。正如前文介绍的一样，这里提到的八段逸事，是我从步入社会到成立"更好生活研究所"的20多年里发生的一些人生大事和由此生发的感悟汇集而成。也许，这看起来就好像是我半生的传记。不过，我绝不是为了记录自己的人生而写这本书。我最希望大家阅读的是书中提到的关键信息和解说，不过这部分内容多少有些抽象，读起来容易让人心生厌倦。为了让读者感知到这些关键信息是如何具体地反映到人生当中的，我不过是将自己的故事拿来做了案例。

所以，我希望大家能一边阅读书中提到的小逸事和关键信息，一边将它们套用在自己的人生上，也认真思考一番，而非采取事不关己高高挂起的态度。我真心希望大家能带着以下的问题来阅读本书：

回顾迄今为止的人生，书中提到的经历，也许你多

● *活出真正的自己*

少也有类似的遭遇。那时你是怎么想，又是如何做出选择的？现在你的人生又处于何种境地？如果让你采纳书中提倡的做法，你能看到什么选项和可能性吗？

另外，大家可以从头到尾一口气读完本书。不过，如果可以的话，我建议大家每读完一个章节都能停下来，尝试着在自己的人生中，用1—2周的时间试验一下书中的做法。如果从中哪怕看到了一点点的可能性，也一定要坚持下去。虽然大家实际体验一下就能明白，但是我还是想提醒各位，在实践这样的生活方式的时候，我们要极大程度地改变一直以来的想法和意识。令人遗憾的是，想法和意识不可能在一朝一夕间完成转变，它们在有意识地坚持下才能逐渐发生改变。换言之，我们的意识也需要锻炼。

当然，大家也无需全盘接受本书的内容。在一番尝试过后，如果你依然感到有违和感，大可放手而去。但是我强烈地希望，读者们能通过阅读本书开始直面"什么是活出真正的自己""如何才能活出真正的自己"这两个问题，朝着人生新的可能迈出一步。

自序

写在《活出真正的自己》中文版发行之际

距我的上一本书《创造有意义的工作》中文版出版刚好过去了两年的时间,听说那本书被众多中国读者所喜爱,曾一度入围畅销榜,这让我感到非常高兴。有此因缘,此次我的新作《活出真正的自己》能同样由中华工商联合出版社出版,令我感激不尽。

这本书从某种意义上来讲,可以说是上一本书的续篇。上一本书的主题是"工作",这本书的主题是"人生"。工作是人生中很重要的一个组成部分,两者的关系无法割裂。此外,同上一本书所倡导的"让人们能充满干劲地工作的关键在于改变对工作的看法,即改变工作观"

● 活出真正的自己

这一理念相同，本书中所介绍的"开启人生新可能的八个关键信息"，也基本是我自身针对"为了度过生机勃勃的一生，我们该持有怎样的人生观"而进行思考和实践的产物。

好不容易来到这个世界上，谁不想就做自己，而不做别人的附庸，活出属于自己的人生呢？然而如何去做才能度过这样的人生呢？世上有很多人还是不得要领，拼命地让自己适应世俗化的"美好人生"，结局却因为无法获得真正的喜悦和充实感而郁郁而终。最近世界各地多了不少"躺平一族"，恐怕也是很多人对于持续这种无望的努力，无法活出真正的自己一事倍感疲惫的外在表现吧。

在此我们必须思考的一点是"如何去做才能活出真正的自己"，这不是一个 Doing（做法）的问题。很多人在人生不顺时总会想改变 Doing（做法），但是其实有比这更需要提前去做的努力，那就是改变"如何看待"人生，即调整你的 Seeing（看法）。何出此言呢？因为Seeing（看法）变了，Doing（做法）自然也会随之改变。

自序　写在《活出真正的自己》中文版发行之际

如果用电脑做比喻的话，Doing 就好比一个个应用软件，而 Seeing 则是操作系统。不对操作系统进行深入的思考，想仅仅凭借应用软件就突破人生，当然会遇到瓶颈。从这个意义上来看，可以说本书中所介绍的"八个关键信息"都和"人生的操作系统"相关，而且是与此前一般的操作系统不同的一套新的操作系统。

当今世界在不断发生着巨大的变化，我们绝不可能基于陈旧的操作系统度过符合自己期待的一生。而且，慌忙中切换应用软件也未见得就能解决问题。我们首先要重新评估一直以来自己使用的操作系统，对于那些已经不再发挥作用的部分要进行更新。不过，说到"重新评估"，很多人不知道拿什么作为评估的依据，我希望各位读者可以将"八个关键信息"作为参考并活用。正如之前提到的，这些关键信息所展现的人生观与此前传统的人生观有所不同，因此大家在阅读本书后一定有各种各样的反应。不论是何种反应，肯定也好，否定也罢，都能成为帮助我们了解自己人生观的强有力的抓手。也就是说，我希望读者们对于我所提示的关键信息不要囫

● *活出真正的自己*

囫囵吞枣地不加判断地接纳，要将其作为一个探知自己的人生观，进而判断是否要去调整变更人生观的一个踏板去利用。如果大家能因此获知今后的人生指针，树立自己独有的人生观，对我而言就是无上的喜悦了。

互联网和媒体上每天都迅速地进行着大量的信息交换，在被其裹挟度日的当今，我感到"活出真正的自己"变得愈发困难。不过，能帮助我们活出真正的自己的必要信息其实是非常有限的。我真切地希望各位读者能通过这"八个关键信息"，从无限的信息中抽取对于自己而言真正必要的部分，并据此朝属于自己的、符合自己期待的人生踏出坚实的一步。

榎本英刚

2022 年 2 月

推荐序一

认真地对待自己去生活

2021年的最后一天的早晨,我坐在广州保利洲际酒店的书桌旁,看着冬日窗外的珠江大桥,还有那清晰明朗的"小蛮腰",内心里忽然涌出一股冲动要写点什么。

2021年,无论我们过得如何,是否如愿,它都要过去了。此刻有那种"一天很长,一年很短"的既视感,脑海里忽然冒出一个问题:我有没有认真地对待自己?有没有认真地对待自己去生活?我停顿了下来,感觉问了自己一个很难的问题:认真地对待自己去生活,到底应该是什么样子呢?

自己到底是什么?自己是那个活在自己想要的真实里,却常常被虚荣心和小聪明拉回现实的人。自己是那

● *活出真正的自己*

个白天为自己为别人喝彩助威，却常常在深夜自我苛责最严厉的那个人。自己是那个迈出舒适圈去尝试去体验，却常常不肯原谅自己犯错的人。自己是那个越了解自己越有觉察的时候，却也常常忍不住拿自己和别人比较的人。原来自己有那么多的声音，会在那么多声音里面焦虑和迷茫。当我读到榎本老师这本书里说到有一种特别的**内在的声音**，它拥有特殊的说服力和影响力留存在我们的身体里，那些无论你怎么装作听不见还是会不自觉地注意到的被吸引的声音，很可能就是上天馈赠的礼物。写到这，我感受到了内心的那份扑腾扑腾的跳动，真实地感受到自己内在的声音一直在问自己："你活出了敢爱敢恨的自己吗？"

在疫情肆虐的这段时间里，很多人"躺平"，很多人"内卷"，还有很多人恐惧和无力。活出真正的自己显得尤为不容易。但是我却很感恩学习教练技术到现在的10多年，刻意练习了好奇心，坚定了自己的相信，愿意随时和当下共舞。**正如 20 世纪伟大的神话学大师约瑟夫·坎贝尔说过的一句名言："我们必须愿意放下头脑中**

推荐序一　认真地对待自己去生活

策划好的生活,这样才能拥抱现实中正等待着我们的生活。"榎本老师在《活出真正的自己》这本书里,用他自己的故事告诉我们,如何才能一步一步地放下自己已知的或正在做的事,翻身一跃进入一个未知的领域,去活出"**顺势而为的人生**"。在这样的人生里面,没有躺平,没有内卷,没有恐惧和无力,有的是"**将宇宙视为朋友**"的一种生活方式。这是一个有意识地转变自己的视角,用信任的目光去迎接这个世界并不断敞开自己的胸怀的勇气和行动。

我突然有一种感动,明白了这是双向奔赴的约定。宇宙一直在用各种方式给我们信号,比如身边的共时性、发展态势的自然规律,我们要做的是打开心门,彻底相信并遵循宇宙的自然规律去行动。我也明白了耐心不是嘴上的一句话,打开心门不等于尽是好事降临,有时候也会发生一些让我们受到伤害且想要关上心门的事。反而这种体验激发我们去停留,测试我们到底坚持了多少彻底的相信,引领我们去思考什么是活出真正的自己。

在这本书即将出版之时,榎本老师又遵循自己内在的声音跨出了他的 Leap of Faith（大胆一试），开始了自己的人类学博士生涯。他用自己的经历诠释了什么是活出真正的自己。正如他在书的前言里面写到："好不容易来到这个世界，谁不想就做自己，不做别人的附庸，活出属于自己的人生呢？"

愿你我在飞速发展变化的当下始终相信相信的力量，看见关系，看见生活，看见自己，活出属于你我的幸福感。愿你我在点滴中，在日常里，在顺境时，在迷茫边，都能认真地对待自己去生活，去活出真正的自己。

冯军

国际教练联盟（ICF）认证大师级教练（MCC）和

高级认证团队教练（ACTC）

共创式教练（CTI）全球授课教练导师

国际团队教练学院（TCI）全球授课教练导师

创造有意义的工作（CMW）中国首批认证导师

推荐序二

写就自己的人生小说

《活出真正的自己》是我翻译的第二本书,它的姐妹篇《创造有意义的工作》是在新冠肺炎疫情初始的2020年春节期间完成的,没想到两年过去了,我们仍然笼罩在疫情的阴影之下。这段时间,相信对于每一个中国人,特别是对生活在北京、上海等大城市的人们而言,是异常煎熬的,生活失去了以往的颜色,一些人每天在方寸间踟蹰徘徊。静下来的城市,慢下来的节奏,让很多人在彷徨不安的同时开始了思考,这样的生活是开始还是结束?我们的一生到底会是怎么一个模样?

我对于这个问题的思考,可以追溯到2017年。那时候,工作上遭遇滑铁卢,日子过得昏昏噩噩。在四处找

● 活出真正的自己

寻救赎的过程中，我接触到了Coaching（教练），进而在Coaching的牵引下结识了榎本老师，也就是后来我们亲切称呼的"Hide桑"。榎本老师的"创造有意义的工作"的理念让我意识到了自己对工作的看法的局限性，让我看到了不一样的人生可能，这些都帮助我从逃避、怨怼转向勇敢地直面困境，勇敢分析反思，并渐渐地走出了阴霾。我的这段经历是很多"35+"职场人都会碰到的问题，可是很多人却未必有我这般幸运，得遇良师，化险为夷。所以，在语言优势的加持下，我萌生了翻译榎本老师著作的想法，将榎本老师和他的思想介绍给更多的人，让更多需要帮助的人走出迷途——这与我自己的"人生意义"也不谋而合。工作观的突破让我的人生迎来了不小的变化，就在我为自己的蜕变欣喜雀跃的时候，榎本老师的另一本新作又出现在了我的案前。

是的，就是这本《活出真正的自己》。初次听到这本书的书名，我一时有些恍惚。好像我从小到大都被各种世俗的看法裹挟着，学什么专业，去哪里读书，在什么地方择业安家，一路言听计从，一路随波逐流，单单没

推荐序二 写就自己的人生小说

有认真地想过如何活出一个真正的自己。哪怕内心曾在不自由的时刻痛苦地挣扎过、呐喊过，事后却依然一如既往没有突破。为什么会这样？因为没有勇气。为什么没有勇气？因为害怕失败。为什么害怕失败？因为不知道自己的想法是不是真的可行，因为对于该如何上下求索的漫漫人生路不知章法，不得要领。

不出意料，榎本老师的这本书又一次打开了我的视野。这一次他将视点从"工作"拓展到"人生"，结合自己的亲身经历，讲述了有关建立"新人生观"的八个关键信息。在翻译这本书的时候，我仿佛跟着榎本老师一起经历了他的人生之旅，而每陪他走完一段岁月，我都会不由自主地回顾自身，或者开始思考正在面对的困局，仿佛自己的那些疑惑和迷茫也找到了出口。我想这不光是因为我在字斟句酌的过程中对榎本老师的思想有了更深刻的认识，更因为榎本老师原本讲述的就是我们每个人都会遇到的人生难题。他的解题思路不投机也不取巧，表达着一份独有的朴实，朴实中透露着他对人生的执着、热爱和智慧。

● *活出真正的自己*

　　受疫情影响，最近这一两年我比较喜欢宅在家里读各类小说，在别人的故事中观摩着各种光怪陆离的人生。我不由地想起榎本老师在这本书的结语中说到的一句话："与其读着别人的小说，不如自己成为小说的主人公，写就自己的人生小说，这一定更有意思。"是的，知易行难，吾将继续努力，兹与各位读者共勉。

戴逸于北京

2022 年 6 月 8 日晚

推荐序三

遇见真正的自己

恍然之间,认识榎本英刚老师已有七年时光。提笔时刻,"遇见"这个词豁然涌上心头,感恩也同时飘然而至。对我来说,遇见老师,涟漪出很多际遇,更常常让我遇见了自己。细细想来,那些遇见及其蕴涵的意义,都生发于不经意的时刻。值此行文,分享几个遇见的瞬间,它们是我的感恩回望,也是对岁月的感怀。

第一次见到榎本英刚老师是在2016年的春天,我从上海飞到北京的郊区参加他的工作坊。老师请每个人介绍自己和一个对自己有特别意义的事物,远离曾经熟悉的华北的我,那瞬间仿佛蓦然回到了大学时光,回想起那春天里满城的柳絮纷飞。我完全不确定他是否听懂了我说的话，却在四目相对的时刻，切身感受到了"懂得"。

次年上海，参加老师在上海举办的"创造有意义的工作"体验工作坊，课程结束时分，老师说他将组织认证导师的学习旅程，未及他的话音落下，我的手早已第一个高高举起。此刻想来，当时自己竟没有觉察到这个动作。我至今也不甚明了是一种什么样的力量推动了我的举手，但是我确切地相信，那是心底的"共鸣"。

夏日北京，热情洋溢的同学们讨论着"创造有意义的工作四个步骤"的中文翻译，当我到达时，白板上已经写满了各种中文词汇，同学们也是意见纷呈。忽然有位同学喊我一试，恰在此时，我心中陡然浮现出一幅画面：在雨季江南的翠绿竹林边上，青苔布满了一条长长的石板路，蜿蜒向前，去往竹林深处，不见尽头。这四个步骤的中文诗亦不期而至——觉察纯愿，广而告之，留意回响，循声而行。这诗是场域氤氲共创而来，我知道，这个涌现叫做"心流"。

金秋九月，认证导师的学习旅程在北京收官。因个人事情我提前一天到达，早餐时分恰好遇见老师。我们

推荐序三 遇见真正的自己

两个人在宽阔的餐厅中相对而坐，因为"遇见"这个词而谈开了去。正说着，忽然间我的胳膊上陡然出现一片跳动着的"米粒"。惊诧之余，我们共鸣了一句中国和日本都有的坊间谚语：在街边不经意间触碰到了衣袖，都是一个好大的"缘分"。

分别时分，所有人围坐的场域中情感浓厚而氤氲。老师深情地分享了他与其尊师的相见和告别。当他说出尊师的分别赠言的一刹那，整个场域就像是一汪平静的湖水猛然间落下一泼重墨，哗地渲染开去，宛若汪洋。在那个时刻，我的心中也瞬间升腾起一句诗：这是心的工作坊，这是不带期望的"深情"。

翌年春日，来自中日韩三国的学生们在日本藤野聚会交流，中间过程丰富多彩，意义非凡。聚会结束后的安排是体验日本的泡汤，那晚老师和我还有小马哥三人赤身躺在室外的汤泉中，感受着汤泉温暖与室外寒意的相互交织，欣赏着月夜下热气弥漫中的满眼樱花，妙不可言。我忽然问老师："你何以如此决然地放弃东京的公司与生活搬家至此？当你的亲朋伙伴们无法理解你的决

● *活出真正的自己*

定时,你又是如何面对的?"他说了几句,忽然间,抬手指向不远处的满眼樱花说:"你看,它们很快就会落了。是的,它们明年一定会再次盛开。"我瞬间秒懂,我知道他说的,叫做"彻底的相信"。

时光流转,2021年冬天我开启了异国他乡的生活体验。在某个大雪纷飞的夜晚,当我第一次审稿到最后一章时,忽然间感受到身心振奋,情神满溢,当即顺势将老师的"活出真正的自己的八个信息",演化成了一首诗歌。借用诗人艾略特的说法,"诗歌是对无以言说的事物发起的突然袭击",在此我也想顺势将这个"袭击"与读者分享,倘若能引发心底共鸣,荣幸之至。我知道这些连续的发生,叫做"涟漪"。

心声是老天送礼,
共时在标示旅程,
发生定深含其意,
顺势开奇妙之门,
人人皆生而有向,

推荐序三　遇见真正的自己

提问将丰盛人生，

笃行会揭示缘由，

过往为将来铺陈。

德国作家黑塞说："每个人应该完全做自己，符合自然在他身上孕育的本质，并服膺这个本质。"在无数的哲学、心理学、文学、诗歌、电影、戏剧中，满眼都是各种"真实"和"自己"。我们"知道"了很多，同时也会产生疑问和好奇，到底如何才是"活出来"呢？

依着我在前文中描述的那些经验时刻，我想说，生命是用来体验的，而体验是不可言说的。心理学巨擘荣格说："尽量来学习知识和理论，但一触及心灵的神奇，便可将所学的理论忘却。"关于体验的极致，伟大的波斯诗人鲁米有着最曼妙的描述："有一片田野，它位于是非对错的界域之外，我在那里等你。"我相信，体验的最佳道场，就是具体的生活。

"愿你自己有充分的忍耐去担当，有充分单纯的心去信仰；你将会越来越信任艰难的事物和你在众人中间感到的寂寞。此外就是让生活自然进展。请你相信：无论如何，生活是合理的。"

这是诗人里尔克曾在一封信里给年轻人的肺腑之言，我把它当作"活出真正的自己"的旅程信仰，时时觉察，悉心领受。我相信，我们都能"遇见"和"活出"真正的自己，过上真正的理想生活。

与你共勉。

赵大亮

资深高管教练和系统团队教练

高绩效教练（GROW/PCI）全球授课教练导师

创造有意义的工作（CMW）中国首批认证导师

"与意义有约"微信公众号创办人

目录

Contents

第一章 心中毫无理由涌现的内在的声音是上天馈赠的礼物

[逸事1] 辞去工作,自费赴美留学 / 003

五次参加五次落榜的留学考试 / 003

动心于"以人为本的组织论" / 004

与想象相去甚远的课堂 / 005

突然浮现的与众不同的想法 / 006

针对关键信息1的解说 / 009

毫无理由涌现的内在的声音 / 009

内在的声音往往超越常识、不合时宜 / 011

在毫无理由的东西里往往有自己的样子 / 012

跟随内在的声音就是活出真正的自己 / 013

如何发现内在的声音？ / 014

不循声行动则无法判断内在的声音 / 016

是否跟随内在的声音由你来决定 / 017

人生正是因为无常才有趣 / 019

跟随内在的声音生活，需要一定的觉悟 / 020

第二章 共时性向我们揭示了哪条才是应该前往的道路

[逸事2]遇见改变人生的教练技术 / 025

发现新的课题——创造有意义的工作 / 025

受三人推荐的教练技术 / 027

两个下定决心的行动 / 028

让人难以置信的共时性 / 029

针对关键信息2的解说 / 031

什么是共时性？ / 031

共时性是来自上天的反馈 / 033

觉察已经发生的共时性 / 035

对"碰巧"保持敏感 / 036

没有不好的共时性 / 038

共时性会变换模样数度出现 / 040

形成吸引共时性的磁场 / 041

共时性和内在的声音好比硬币的正反面 / 043

第三章　顺势而为，意想不到地打开人生的大门

[逸事3] 以出版书籍为契机，成立公司 / 047

出人意料的热销 / 047

成立计划外的公司 / 049

有意朝着教练的方向转型 / 050

针对关键信息3的解说 / 052

什么是"势"？ / 052

顺势而为 / 054

无为而治 / 055

设计好的人生与顺势而为的人生 / 056

与世界为敌还是与之交好 / 058

什么是彻底的信任？ / 059

当势发生变化时 / 060

顺势而为与随波逐流的区别 / 062

迎浪而上的比喻 / 064

人生就是一个试验场 / 065

第四章　人生所遇之事均有其意义所在

[逸事4] 登上和平之船的环球邮轮之旅，退出公司的经营 / 071

胆结石发作与来自教练的拷问 / 071

冲动之下登上和平之船 / 073

惊叹于自己的无知 / 074

超乎寻常、不合时宜的声音 / 076

人生没有浪费 / 077

针对关键信息 4 的解说 / 079

赋意是上天仅赐予人类的特权 / 079

有用的赋意与无用的赋意 / 080

赋意的影响力 / 082

赋意的方法无穷无尽 / 084

编织带给自身力量的故事 / 086

赋意的终极目的是什么？ / 087

象征性的现实与科学性的现实 / 089

"木屐带断了"是好是坏？ / 091

最重要的赋意 / 092

第五章 与追求正确的答案相比，提出正确的问题更能丰盈我们的人生

[逸事 5] 生态村吸引我移居苏格兰 / 097

参加生态村的培训 / 097

在芬德霍恩小镇的发现 / 098

千万分之二十四的奇迹 / 099

听到欧洲的召唤 / 100

针对关键信息 5 的解说 / 103

何为"正确问题"？ / 103

问题的力量 / 104

应该问什么问题？ / 105

与问题共生 / 107

问题从何而来？ / 108

问题会随之进化 / 109

问题出现的时刻 / 111

勇敢提出大问题 / 112

活出问题 / 113

第六章 人活一世，皆带着意义而来

[逸事 6]跨越漫长的寒冬，结识两项民间运动 / 117

在芬德霍恩煎熬的两年半 / 117

结识改变梦想（Change the Dream）活动 / 118

结识转型城镇（Transition Town）活动 / 120

共同点在于"赋能" / 122

针对关键信息 6 的解说 / 124

何为生命的意义？ / 124

生命的意义是回想起来的 / 125

人生原本是否有意义？ / 127

如何回想起生命的意义？ / 128

选择家人来到世间 / 130

缘分是相互的 / 131

回"家" / 133

用行动展现生命的意义 / 135

是否应该用语言描述生命的意义？ / 136

生命的意义为谁而存在？ / 137

第七章　行动不是出于某种原因，行动了才能明确原因

[逸事 7] 探访亚马逊原住民，回归公司经营 / 141

定居藤野，启动转型城镇活动 / 141

得助一臂之力，驱动"改变梦想"活动 / 142

突如其来的想法 / 143

通过原住民仪式更加确信 / 145

针对关键信息 7 的解说 / 147

为什么行动前总要找个理由？ / 147

目 录

行动不是靠大脑而是靠用心 / 149

毫无理由的才是本真 / 150

理由会随之而来 / 151

期待与信赖 / 153

不抱期待地行动 / 155

挣脱"期待的牢笼" / 156

最终选择的道路是为正解 / 158

从低处结出的果实摘起 / 159

变换车道 / 160

"不管怎样",放手一试 / 162

第八章 迄今为止的经历,都是为将来做的准备

[逸事8] 开辟新的道路,成立"更好生活研究所" / 167

寻找新的故事 / 167

来自东日本大地震的口号 / 168

做只有自己能做的事 / 169

不做介绍者和指挥者 / 170

针对关键信息8的解说 / 172

人生不是跳棋 / 172

登顶后的恐惧 / 173

● 活出真正的自己

戴上人生观这副眼镜 / 174

步步登高的人生观和顺流前行的人生观 / 176

人生经常更新 / 177

整合经验,升级人生 / 178

物尽其用 / 180

如果上天给了你一个柠檬,那就把它做成柠檬汁 / 181

可能性会随着年龄的增长而拓展 / 183

人生也有四季 / 184

后 记 / 187

第一章

心中毫无理由涌现的内在的声音是上天馈赠的礼物

第一章　心中毫无理由涌现的内在的声音是上天馈赠的礼物

[逸事1] 辞去工作，自费赴美留学

五次参加五次落榜的留学考试

从学生时代起，我就有个想去留学的念头。幸运的是，我所在的公司有海外留学制度，从进入公司的第二年起，我每年都会递交申请。按照要求，第一轮是英文水平测试和提交小论文，进入第二轮会有董事会成员的面试，每年大约有1-2名员工最终通过审核，可以公费去海外的大学读书。

然而，我参加了五次考试，五次都铩羽而归。五次里有四次都到了最终的董事面试环节，被驳回的理由都是同一个——"你虽然表达出了想去留学的意愿，但是让人不解的是你为什么想去留学"。事实也的确如此，我自己也搞不明白，然而虽然不明白，可我就是想去留学。理由虽然不明，但是想去留学的念头确实一点不假。当然，我在面试过程中多少也编了一些堂皇的理由，可能那些话真的缺乏诚意，在身经百战的董事面前不堪一击。在第三次落榜后，我开始琢磨也许靠公费留学这条路是走不通的。

动心于"以人为本的组织论"

那段时间我在公司做销售，因工作之故结识了一位软件公司的社长，我将自己心中"一直想去留学"的念头告诉了他。听我这么一讲，他将另一家从事海外事业的公司的社长介绍给了我。当我跟这位社长说了自己的想法后，他又给我介绍了一位专门从事留学服务的朋友。当我和他的那个朋友见面后，对方说："有个你的同龄人也想出国留学，你们见一面如何？"随后便介绍了我们互相认识。

当我和最后介绍的这位朋友见面后，他说他在那年的秋天要前往位于美国旧金山的加利福尼亚整合研究学院

第一章 心中毫无理由涌现的内在的声音是上天馈赠的礼物

（简称 CIIS[①]）读书，学习组织开发和变革，而此前我连这所大学的名字都未曾听说过。我问他："组织开发和变革到底是门什么样的课程呢？"他的回答深深拨动了我的心弦，让我至今记忆犹新。他说："这门课讲的不是以组织为本，而是以人为本的组织论。"在这之后，这位朋友一有机会就会很热情地跟我分享在学院学习的内容，我也是越听越感兴趣。

与想象相去甚远的课堂

1993 年的冬天，因为无论如何都想亲自考察一下 CIIS 这座学校，我特意用积攒的年假去了趟美国。在那里我获得了观摩老师上课的机会，在课堂探访时，我所看到的场景与想象中美国大学的授课场景大相径庭，不禁让我有些手足无措。

以前我在美国一所知名大学观摩过他们的 MBA 课程，

---

① CIIS：为统合东西方哲学，印度哲学家哈利达斯·乔杜里博士于 1968 年创立了此研究所，后来升格为大学，以"新时代"的大学而著称，学科设置方面以哲学和心理学为主，提供新颖的培训课程。

那时我所看到的是，在一个能容纳几百人的大阶梯教室里，威严的大学教授站在讲台上洋洋洒洒地授业解惑，年轻的学生们坐在台下兴致勃勃地认真倾听。

然而在CIIS，我看到的是在一个如同小学教室的小屋子里，一群人不分男女老少围成一圈，坐在一起热烈地讨论，最后连到底谁是老师，我都没搞清楚。虽说我只是观摩者，可是后来也被邀请坐到了讨论圈中参与讨论。那时我的英语水平不高，几乎不太明白大家都在说些什么，可就当我坐在讨论圈里的时候，不可思议的事情发生了。我的脑海里很清晰地浮现出一幅在不远的未来来到这所学校求学的画面，而且我自己也认为这是一件很自然的事。

突然浮现的与众不同的想法

一想到既然公费留学行不通，那就只有辞职自费留学这一条路可走了。但对于自己的将来，我还是感到了一些不安。如果前往知名大学留学，获得MBA的学位，

第一章　心中毫无理由涌现的内在的声音是上天馈赠的礼物

那么毕业后我很可能成为当时名头甚响的经营顾问；可是我要去的大学，以及想要就读的学科根本不为人知，从那里毕业以后生计都可能成问题。

从美国回日本后，在大概年底到年初的一个假日的晚上，我躺在床上左思右想究竟该不该去留学。就在那时，突然有一个疑问涌上心头——"说到底，为什么我那么想去留学？这个念头究竟从何而来呢？"我试着想了很多看上去都说得通的理由，比如小学的时候因为父亲工作的关系，我在英国生活过四年；或是大学时，我利用 Working Holiday 制度在澳大利亚度过了一年，等等。可是和我有着同样经历的人，却绝不会因为这些原因就想去留学。

那么，到底是为了什么呢？那时，我的脑海中突然浮现出一个与众不同的想法——"也许想去留学的这个念头是上天赐予我的一份礼物"。一是它没有明确的理由，再者即便遇到再大的风险和困难，都依旧阻止不了我去付诸实践的决心，这只能说它是来自上天的馈赠了。

紧接着，我又继续思考着：如果想去留学的这个念头

● 活出真正的自己

是上天赐予我的一份礼物，那么如果因为自己的恐惧而不去留学，也许就是对上天的一种冒犯。说起来我并没有什么宗教信仰，当时为什么会有那样的想法出现，现在想起来都觉得不可思议。但是拜其所赐，我的迷茫一下风吹雾散。过了新年回公司上班的第一天，我就向公司递交了辞呈。

第一章　心中毫无理由涌现的内在的声音是上天馈赠的礼物

> **关键信息 1**
>
> 心中毫无理由涌现的内在的声音是上天馈赠的礼物

针对关键信息 1 的解说

毫无理由涌现的内在的声音

我将内心深处毫无理由涌现的想法和念头称作"内在的声音"。

要点在于"毫无理由"这个词语，即虽说是自己内心深处涌现的想法和念头，但是究竟为何凭空出现，自己也弄不明白。

这么一说的话，大家也许会冒出一个疑问：那它与灵感又有什么不同呢？的确，从毫无头绪、突降而至的角度来看，内在的声音可以说是灵感的一部分。但我之所以特意作出区分，是因为内在的声音具备更独特的质感。

如果用一句话来描述它的质感，我想应该是"份量"。与蕴含了很多小的发现和闪念的灵感相比，我所说的"内在的声音"是内心深处毫无理由涌现出的想法和念头，其中一些甚至具有影响我们人生的力量。如果循声而行动，人生的前进方向很可能会发生巨大的转变。

回到之前的逸事来看，首先我那想去留学的念头就属于此类。当经人介绍的朋友提到"以人为本的组织论"时，心弦为之一震是发自内在的声音。另外，在 CIIS 观摩课堂教学时，脑海中涌现出的自己在不久的将来会坐在那里读书的模样，从广义来看，也是一种内在的声音。在这之后，内在的声音越来越响亮，以至于我突发奇想地认为想去留学的念头是来自上天馈赠的一份礼物，而在听从了这个声音的召唤后，我辞职并开始自费留学，自此完成了人生重要的一步转变。

第一章　心中毫无理由涌现的内在的声音是上天馈赠的礼物

内在的声音往往超越常识、不合时宜

　　内在的声音具备的另一特征是"出乎意料"。正如前文所述，因为内在的声音往往毫无头绪，突然而降，所以虽说是来自内心深处的声音，却往往让自己都大为震惊。而且不仅是自己，经常还让身边众人感到意外。所谓意外，是指超出一般想象的范围，因此内在的声音往往超越常识。

　　拿我自己来讲，辞职留学的做法至少在当时那个年代是很少见的。一般人如果五次都没能通过公司公派留学的考核，索性也就放弃了。而且，我没有什么宗教信仰，心里冒出的"莫非想去留学的念头是来自上天馈赠的一份礼物"的想法，对自己而言不仅出乎意料，而且本身就是超越常识的。

　　超越常识的事，对自己，对身边的众人而言，往往是不合时宜的。如果是常识范围内的事，不仅可以获得亲人朋友的理解，自己本身也不必背负那么大的压力。然而从我自身的经历而言，内在的声音往往超越常识且不合时宜，如果听从其召唤，几乎都要承担一些风险。若非如此，想必现在按照内在的声音行动的人应该很多，而我也不必大费周章撰写此书了。

从这个角度来说，内在的声音绝不仅仅是一种让人身心愉悦的声音。我们在听到它的时候，甚至往往还觉得有些不适。也正因如此，有时候我们可能装作听不见它。可是，越是内在的声音，恐怕越是难以简单地消失或是抹除。虽然这么说没有什么头绪或根据，但是内在的声音就是带着它特殊的说服力和影响力留存在我们的身体里。也许影响力和持续性也是内在的声音的一大特征，它与那些随着时间的流逝而消失的一时性的想法不同。那些无论你怎么装作听不见，还是会不自觉地注意到的、被吸引到的声音，很可能就是内在的声音。

在毫无理由的东西里往往有自己的样子

在这里我们必须要留意的一点是，即便是我们内心深处涌现的想法和念头，也许有些原本就来自于外部，

第一章　心中毫无理由涌现的内在的声音是上天馈赠的礼物

不是我们独创的。不，不如说，其实我们的心中一直被这样的想法占据着。我们总是无意识地将世间所谓的常识、外界的期待引入自身，并一厢情愿地认为这就是自己的想法，而且大多会给这些想法和念头安个理由。

安个理由，意味着这些想法和念头是由理性推导而出的，有实现的可能。理性不是天生的，可以说它是后天的产物，是我们随着自身的成长，在和父母、老师等身边的大人密切接触中逐渐掌握的。我认为那些能马上解释说明缘由的想法和念头，从纯粹的角度来讲都不是我们的原生之物。

反之，越是那些无法立刻说清道明的、"没有理由的"想法和念头，很可能代表着我们的初心，那没有怎么被他人或世间影响的初心。如果说真正的自己正是藏在那些毫无理由的东西里，也不是言过其实。

跟随内在的声音就是活出真正的自己

好不容易来到这个世界上，谁不想就做自己，而不做别人的附庸，活出属于自己的人生呢？如果说这个"就

● 活出真正的自己

"做自己，不做别人的附庸"就是"活出真正的自己"，那么我认为，我们更应该倾听自己内心深处的声音。

为什么这么讲呢？与来自外界的意见和看法相比，我们内心深处涌现的声音，那些毫无理由的念头和想法里才藏着真正的自己，循声而行动可以让我们最大可能地活出自己的样子。而我之所以认为内在的声音是来自上天馈赠的礼物，其理由也在于此。当然，这个想法最初冒出来的时候，我也不知是为何，我也是在20多年里跟随内在的声音行动的过程中才逐渐明白其中的关联的。

英语里将人的本性和本质称作"Nature"。大家知道，这个词还有一个意思是"自然"。我想这揭示了一个道理，人的"本性＝自己的样子"，是从人的身上"自然"流露出的东西。也就是说，跟随内在的声音生活，实际上对我们而言是最自然不过的一种方式。你怎么看？

如何发现内在的声音？

假设你已经发现了跟随内在声音生活的价值，接下

第一章　心中毫无理由涌现的内在的声音是上天馈赠的礼物

来的疑问就是"我该如何发现内在的声音呢"。首先要相信自己也有内在的声音，并侧耳倾听。这个感觉就好像是朝体内伸出一根天线。心里平时总是冒出各种各样的声音，对于其中自己也说不清道不明的声音要格外留意。

在倾听内在的声音的时候，好奇心是非常重要的。如果一味追究"到底哪个才是内在的声音"，很可能引发焦虑而适得其反。建议大家哪怕有一丝心弦颤动的感觉，都要像小孩子发现珍宝一般，充满好奇地探察一番。

还有一点，我们未必听到的一定是"声音"。如果是我，多半会有一些想法和念头以话语或者文章的形式浮现心头，也许有的人是脑海里有了画面感，有的人是触发了身体上的一些感觉，还有的人听到了同文字一样的声音。即便是同一个人，每次的发现也不尽相同。在本章的逸事中提到的留学前参观大学一事，我现在还记得那时的感觉，我的脑海里出现的不是话语或者文章，而是自己就坐在这间教室里上课的鲜活模样，同时身体的细胞发出了一个声音——Yes！

另外，我发现，与身处城市这样的人造环境相比，

● 活出真正的自己

在自然的环境中更容易听到内在的声音。刚才我提到，英语"Nature"一词有"自然"和"本性"两个意思。也许身在自然中的人们更容易释放自己的本性。正是出于这个考虑，我平时也会尽量多地保持和自然接触的机会。

不循声行动则无法判断内在的声音

假设按照前文介绍的方法，在倾听内心涌现的毫无理由的那些声音时，你听到了一些类似的声音。接下来，你要怎么做？也许因为无法确定那是不是内在的声音，而无法随之行动。

即便是我自己，最初也无法确定。一开始在听到"想去留学"这个内在的声音时，我也全然不知自己到底是不是认真的。那时，因为听说公司有公派留学的制度，我觉得很幸运，最初采取的行动便是向公司递交申请。原本我也觉得没什么把握，就是随意申请一下，但是当拿到不合格的结果时，我感到出乎意料的失落和懊恼，那时我才发现对于留学这件事，我其实比自己想象的要在意。

在那之后，我每年都会参加公司的公派留学选拔，与此同时我还会阅读一些与留学相关的杂志和书籍，利用去美国出差的机会，向之前公派到那里留学的同事取取经，尽我所能地做了一些努力。另外，只要有机会，我就会向身边的人们表达自己"想去留学"的想法。在这些一步步的行动之后，包括去哪里学习、学习什么专业在内，自己的留学计划变得逐渐具化清晰起来。

值得注意的是，当我们在听到类似于内在的声音的信号时，不是照章去做，而是朝着其预示的方向做一些力所能及的事，哪怕这些事微不足道。如此尝试下去，如果自己的意愿进一步增强，那么恐怕这些信号就是内在的声音。也就是说，如果不循声而去有所行动，我们是无法判断内在的声音的。

是否跟随内在的声音由你来决定

虽说内在的声音很重要，我们也未必一定要跟随内在的声音行动,并非不循声行动就生存不下去。在这世间,没有关注到内在的声音,没有循声行动却依然十分满足地度过一生的,大有人在。

那么,为什么我还要如此执着于内在的声音呢?因为我认为,就像前文所述,要想做自己,不做别人的附庸,活出属于自己的人生,只能专注而精心地孕育那些从心中自然涌现的毫无理由的想法。换言之,因为在我们的心里一直想澄清一些问题,比如自己究竟是谁,为什么会来到这个世界上。

这样的生活方式绝不轻松。一方面我们不知道会何时听到何种的内在的声音,另一方面因为内在的声音往往与人生的重大变化相伴,如果忠实地循声行动,很可能让我们告别安稳的人生。不过,换个角度去看,也许我们能因此度过富于变化、充满刺激的一生。

这里很重要的一点是,最终是由我们自己来决定,到底要不要跟随内在的声音行动。内在的声音不是命令,只是一份"馈赠的礼物",并没有只要听到了就必须随之而动的道理。完全听令于内在的声音就好比自己不去决定自己的命运，而是完全依赖于占卜算命。我们一定要认识到，不论听从谁的什么声音行事，拥有最终决定权的还是你自己。

人生正是因为无常才有趣

即便我们确信那心中涌现的想法和念头是内在的声音，突然间让我们随之而动恐怕也是令人惶恐不安的。特别是，如果这个行为会给我们带来人生重大的变化，那就更是如此了。那为什么我们会感到不安呢？也许是我们在心里又听到了另一种理性的声音——"跟随内在的声音行动可不保证就进展顺利哦"。是的，正如理性的声音所言，的确没有保证。不过，不仅是跟随内在的声音行动如此，哪怕遵循理性和常识也同样不会一帆风顺。当今，哪里都没有"人生只要如此去过就绝无问题"之类的保证，不论我们按照什么方式生活总会有风险存在。

风险会带来什么样的结果是我们无法提前预知的。我在辞职后去留学时也看不清"去留学了，自己的人生一定会变成那个样子"。要是看得清了，反而生活也就无趣了。这就好比没有什么比读一本已经知道结局的推理小说再无聊的事了，或是如同看一场录播的已经知道结果的足球比赛，会缺少很多心潮起伏的氛围。

一想起未来，心中涌现诸多不安，谁都会下意识地想去寻求保障。可是我也怀疑，如果未来一切皆有保障，人生还有什么乐趣可言？如此度过一生真的能感到幸福吗？我认为，人生正是因为没有固定的剧本才有趣。如果是承担同样的风险，我认为跟随内心的声音活出自己的模样是相当棒的一件事。你意下如何？

跟随内在的声音生活，需要一定的觉悟

与看不见前路、没有进展顺利的保障这些理由并列，让很多人对于是否跟随内在的声音行动感到犹豫不决的另一个重要的理由，是担心得不到周围的人，特别是对自己而言重要的人的支持。前文我也提到过，内在的声音不仅对于自己，对于周围的人而言往往是超乎寻常、

第一章　心中毫无理由涌现的内在的声音是上天馈赠的礼物

不合时宜的。也就是说，跟随内在的声音行动，很可能会和身边的人产生一些矛盾和冲突。

我自己也是如此。当时说起要从公司辞职去留学时，遭到了很多人的反对，其中来自父亲的阻挠尤为强烈，他说那是一个"鲁莽的决定"。当然，我也知道父亲和身边的人强烈反对是出于对我的担心，虽然很感激这样的关怀，但是那时我已经按捺不住内心的强烈意愿坚持前往，外界反对的声音并没有动摇我的决定。结果，父亲后来也看到我以留学为契机活出了自己的样子，在那之后他对于我的人生选择再无多言。

越是在意你的人，越是希望你能幸福，即便当时不能理解你为什么作出那样的选择，可是如果看到你最终过上了自己想要的生活，他们一定会感到安心的。要想达到这样的状态，也许要花费一定的时间。我用了五年的时间才让父亲内心真正认可我的决定。后来我也作出过不少跟随内在声音的、有些超乎寻常不合时宜的决定，很多当时反对过我、质疑过我的人在过了一段时间之后，也会说道："我终于明白那时你为什么要作出那样

● 活出真正的自己

的决定了。"

当然,我们一定要以最大的诚意向那些受到我们的决定影响的人去说明自己的想法。不过,我们也要理解,因为内在的声音原本就是毫无理由的,很难让所有的人接受。我们要清醒地认识到,我们的决定的确会让我们和身边人的关系发生一些动荡。说得严苛一些,如果没有这样的觉悟,我们也很难"活出真正的自己"。

好了,现在的你听到什么内在的声音了吗?对于跟随"活出真正的自己"的方式而生活会带来的结果,心里已经做好准备了吗?

第二章

共时性向我们揭示了哪条才是应该前往的道路

第二章　共时性向我们揭示了哪条才是应该前往的道路

[逸事2] 遇见改变人生的教练技术

发现新的课题——创造有意义的工作

我在 CIIS 留学时所学的专业是组织开发·变革学。简单来说，这门学科研究的是"如何让组织中的人们充满干劲地工作"。但是在上了两个学期的课之后，我发觉与关心组织相比，我的关注点转移到了人的身上，即人要如何去生存。为什么会发生这样的变化呢？第二学期，我上了另外一个系开的一门选修课，名字听起来有些另类——"Live your values, and still pay the bills"（活出你的价值，还能维持生计）。这门课听起来令人兴致勃勃，甚于我之前上过的任何一门课，不过也

● 活出真正的自己

带给了我一些困扰，那就是听了这门课以后我再也没有兴致去学习与组织相关的任何课程了。大老远辞了工作来留学，却早早对所学专业丧失了兴趣，就在我一边苦恼着一边思索着该如何去探索萌发的新兴趣点时，突然得知CIIS有一项名为"独立研究"的制度。这个制度允许学生自己设定课题、设计课程，包括选择老师和教材。对于处于我这种情况的学生来说，真是求之不得啊。于是我跑去和那门"另类课程"的老师一番软磨硬泡，利用这个制度，请老师在下一个学期开始对我进行个别指导。

从那时起我就有一个强烈的愿望，回到日本后要从事为工作感到困惑的人们提供帮助的工作。那时的日本正处于泡沫经济破灭，日本企业长期维持的终身雇佣制摇摇欲坠，员工的职业生涯必须开始由自己去构建的局面。面对如此剧烈的环境变化，很多人不知何去何从，因此我也想着是不是可以去做些什么。于是我利用独立研究制度，以"人们如何才能充满干劲地工作"为题开始了自己的独立探索。我将这个过程中的发现总结为"创造天职"（在中国称为"创造有意义的工作"），并基于这一理念设计了工作坊。

受三人推荐的教练技术

在设计工作坊时，我就觉得光有工作坊是不够的。即便我设计出了很棒的工作坊，但是在参加者们朝着能充满干劲地工作这个目标去努力的过程中，如果没有持续性的体系做支撑，可能他们也就仅仅是参加了一个"有意思的工作坊"而已。那么在工作坊之后还可以提供什么富有成效的持续性的支持方法吗？我思索着这个问题，一有机会就向很多人请教，结果有三个人不约而同地向我推荐道："你可以尝试学习一下教练技术吗？"

和很多人一样，我一开始听到"教练"这个词语的时候，马上联想到的是体育教练，说实话我并不太感兴趣。但是一连三次被人推荐，我也着实不好负了共时性（有一定意义的巧合）的好意，于是在1995年的秋天，我参加了他们共同提到过的"CTI①"（The Coaches Training Institute 教练培训学院）提供的共创式教练② 基础课程。听了课程，我觉得和自己的探索非常吻合，不禁感叹到"这才是自己一直要找的东西"，于是立刻又报名参加了中级课程的学习。

两个下定决心的行动

CTI 的中级课程由自我实现、自觉选择、活在当下三个部分组成，中级课程之后还有教练资格认证课程，为期半年。在最初上基础课程的时候，我就打算要完成所有课程的学习，但是当时自己不过就是个穷学生，报

---

① CTI，1992 年由 Henry Kimsey-House 和 Karen Kimsey-House 夫妻以及已故的 Laura Whitworth 三人创办的教练培训学院。目前，在包括日本在内的世界 20 多个国家和地区提供教练课程和领导力课程，其参与体验型的培训模式广受好评。

② CTI 提供的教练体系的总称。"共创"有协同联动的意思，它是指教练和被教练者双方处于对等的位置，相互联合充分发挥彼此的力量，共同创造出令人期待的变化。

名中级课程时已经捉襟见肘了，实在拿不出资格认证课程的学费。但是我无论如何都想取得资格认证，于是毅然决然地采取了两个行动：一个行动是给 CTI 写了一封申请奖学金的信，另一个行动就是写信向一位在瑞可利公司就职时结识的软件公司的社长借钱。

可是在那之后的一个多月，两方面都没有什么回音。我有些懊恼"这两个行动似乎是超乎常规、不合时宜"的，就在我几乎快要放弃的时候，我正好去参加了中级课程自我选择模块的学习。

让人难以置信的共时性

当时的 CTI 也是初创不久，每一门课程都由三位创始人亲自教授。下课后我被他们叫去了教研室，几乎一进门就听见他们说："你提到的奖学金一事，虽然我们从没有这么操作过，但是我们感受到了你的学习热情，决定为你减免一半的学费。"当然，在听到这个消息的那一刻，我高兴得快要跳了起来，但是又没法完全任由自

● 活出真正的自己

己开心下去，因为如果不能拿出剩下一半的学费，我依然是上不了资格认证课程的。那天我发愁着该怎么筹措另一半的费用，一回到家就听到电话铃在响。我急忙接起电话，原来是我要借钱的那位社长打来的。他说道："你之前拜托的学费的事，我一直在给你想办法，所以回复迟了。我找到了一个好的解决方案，告诉我你的银行账号。"

我拜托的两方竟然在同一天给出了积极的回应，这真是让人难以置信的共时性。我一边为能就读资格认证课程感到高兴，一边也感受到了一种命运的召唤，我不得不去想，冥冥之中是谁让我去学习教练技术。

包括三个人不约而同地向我推荐教练课程，这样的共时性仿佛告诉我——"这是你该走的路"。这个想法一冒出来，我自己都为之一振，那种肃然起敬的感觉现在都还记忆犹新。

第二章　共时性向我们揭示了哪条才是应该前往的道路

> **关键信息 2**
>
> 共时性是揭示前进方向的路标

针对关键信息 2 的解说

什么是共时性？

共时性（Synchronicity）的说法最早是在 20 世纪中叶由心理学家荣格提出的，指同一时期在不同地点发生同一事情的现象。现在，它的意思较之以往有了扩展，指代"有意义的巧合"。

从另一个角度来看，共时性最关键的部分就是"有意义"。这个"有意义"是对谁而言的呢？是对发现这种巧合的人而言的。也就是说，是否能发现其中的意义所

● 活出真正的自己

在,因人而异。如果有人觉得这些事情里有共时性,它就是有意义的巧合。

在本章介绍的逸事中我讲到了自己去美国留学时,基于"创造天职"这一理念设计了专门的工作坊,也在探索更有成效的方法去帮助参加工作坊的人们能真正充满干劲地工作。就在那个当口,我在不同的时点遇到了三个不同的人,他们都告诉我"可以尝试学习一下教练技术"。我当然也可以把这些都视为一般的巧合,放在一旁不管不顾。

事实上,当第一个人跟我说起教练的时候,我并没有认真当回事,心里想着:"教练?那不是和体育运动相关的职业吗?那可不是我要找的。"另外,根据我自己学生时代参加社团活动的经验来看,教练可能就是一群"啰啰嗦嗦在旁边指手画脚的人"。可能也是因为我对于教练这一职业的印象并不太好,当第二个人和我说起教练的时候,我依然无动于衷。接下来,第三个人又和我提起了教练,我这才开始思考"这是不是意味着什么",于是决定报名学习教练课程。

总结来说，当我感觉到三个不同的人在不同的时点向我推荐教练课程的这种"巧合"是有一定含义的时候，共时性就成立了。

共时性是来自上天的反馈

我认为自己首次发现共时性大约是在那三人向我推荐教练课程的时候。在此之前，我从一些书上也读到过会有此类现象发生的说法，但是当时并未留意。不过在那之后，每当感知到共时性，我都会有意识地朝着它揭示的方向迈进一步。虽然一开始还有些半信半疑，可是几次反复下来，我发觉共时性的后面真的出现了一些对于我而言很关键的际遇和转机，于是越来越确信"共时性是向自己揭示前进方向的路标"。

我认为共时性是"路标"，同时还是"反馈"。当我们采取行动的时候，如果出现了共时性，这就仿佛是上天在告诉我们"那个方向是对的"。本章逸事里介绍的我在筹措资格认证课程学费时出现的共时性就是一个典型的例子。

　　说实话，在向CTI申请奖学金和向相熟的社长张口借钱的时候，我本是不报什么希望的，也想着如果遭到拒绝就不去上认证课程了。出人意料的是，两边都给了我回复，而且还是在同一天。当出现这令人难以置信的共时性时，我不禁觉得这都是"天意"，是上天在告诉我要朝着这条道路前进。

　　实际上这个故事还有后续。参加资格认证课程，除了支付学费，还有一个前提条件，在课程开始之前要找到五位付费客户。这个条件对于我而言非常严苛，因为我想不会有人特意想花钱接受我这个还没有拿到教练资格的、英语非母语人士的教练指导。事实也是如此，在开课前一周，我只找到了一位客户。

　　恰好那时我正在参加中级课程里最后一个模块的学习，于是我又果断地采取了行动。我告诉其他学员自己的实情，并拜托道："如果你们身边有愿意付费接受我的教练服务的朋友，请一定介绍给我。"话说出后当时并没有什么反应，我觉得果不其然招募付费客户是有难度的，可是第二天早晨就有一个女同学给我打了电话，她冷不丁地说："祝贺你！你可以去上资格认证课程了。"我一时间呆住了，半天没弄明白她说的话是什么意思，仔细一问才知道，她听了我的拜托之后，跟身边的朋友一个一个地联系，一个晚上竟然帮我找到了四位付费客户。这件事不是什么有意义的巧合，严格地说也许算不上什么共时性，但是我没法不去想，这是不是又一次来自上天的反馈，它在告诉我"朝着这条路去走"。

觉察已经发生的共时性

在弄清楚什么是共时性之后，接下来的疑问恐怕就是：我们要如何让自己的人生也出现共时性呢？在思考这个再正常不过的问题之前，我们要先思考如何觉察已经出现的共时性。之所以这么说，是因为我认为实际上共时性出现的次数之频繁超过我们的想象。我们如果连已经发生的共时性都觉察不出，那么再去祈愿出现更多的共时性也没有什么意义了。

如何觉察已经出现的共时性呢？首先，要接受共时性现象的存在，并认可其富有一定的意义。如果原本并不知道存在共时性这种现象，或者即便知道对其蕴含的意义也疑神疑鬼的，那么即便共时性就发生在眼皮子底下，我们也是看不到的。

我觉得那些认为"没有出现共时性"的人，他们大多把共时性想得太过严谨了。诚然，共时性如我在本章逸事中介绍的一样，是"有意义的巧合"，而之前介绍的那个助我一臂之力找到付费客户的例子并不符合所谓的共时性的定义。但是对于我而言，它同共时性一样，都是来自上天给予的反馈。也就是说，我从中感受到了一定的意义所在。如此这般，即便达不到"有意义的巧合"的程度，那些"有意义的发生"也是时常出现的，首先我们可以从开始关注它们来觉察共时性。你觉得如何？

对"碰巧"保持敏感

在这里我想请大家思考一个问题，究竟什么是"偶

第二章 共时性向我们揭示了哪条才是应该前往的道路

然"。它不是一个夸张的存在，只不过是"眼前发生的事不是自己所想的事"，不是吗？如果如此定义偶然，那我们也就可以理解为什么它会频繁地出现了。因为一天当中，我们意料之外的事会经常发生。

当发生出乎意料的事情时，往往有"意外性"出现。特别是当自己也出现"啊？真的假的""不会吧""难以相信"等反应时，即便它们和书中定义的共时性不同，从广义的角度来看也可以被视为有共时性。比如，正想着某人，"碰巧"就接到了他的电话，可以说这样的事也是一种共时性的体现。因此，发现共时性的一个方法就是对"碰巧"保持敏感。

实际上我的人生就是一个又一个"碰巧"的延续，光看本章逸事就可窥知一二。对学习组织理论感到厌烦的时候，"碰巧"发现其他系提供的另类课程；思考如何探索新萌发的兴趣点的时候，"碰巧"得知学院有独立研究制度；想去寻找更行之有效的方法去帮助参加工作坊的人们时，"碰巧"得到三人推荐，与教练技术结缘。

"碰巧"真是无处不在。

● 活出真正的自己

没有不好的共时性

　　这么一连串地写下来，也许很多人会认为我不过是运气好罢了。可是如果只是将这些"碰巧"束之高阁，我也就无法发现自己应该前往的方向了。要想让这些偶然发生的事情成为"有意义的巧合"，我们要不带目的性地从那个时点在自己身上发生的事情中找到一定的意义所在。也就是说，共时性不是只凭借祈祷就会自己出现的被动现象，它是需要我们去发现，并赋予其某种意义的主动现象。

　　关于"赋意"，在第四章中会详述，在这里我想稍稍介绍几个容易陷入的误区。一个误区就是当感觉自己的身边没有什么共时性的现象发生时，将其解释为"也许自己走了一条错误的道路"。我认为，不能因为没有什么共时性就觉得自己走错了路。如果因为这样的解释让自己陷入困顿，那么不如索性放手，不要太在意共时性。

　　另一个误区就是怀疑存在不好的共时性。我认为共

第二章 共时性向我们揭示了哪条才是应该前往的道路

时性本身没有好坏之分,关键在于对其如何解释。不论什么样的共时性,只要通过它能够感知接下来应该前行的道路,那么就不存在不好的共时性一说。

让我们一起思考一下下面这个例子。假设有一个很难打交道的人,平时很少碰面,可是一天的时间里在不同的地点竟然遇到了两次。如果是你的话,会如何解释其中的共时性呢?你可以认为"今天运气怎么这么差,可不能再在外面闲逛了",也可以认为"虽是个很难打交道的人,看来还是有必要和这个人说些什么话吧"。如果是我,遇到这种情况通常会做后者的解释。不过,不论做何种解释,共时性本身没有好坏之分,关键在于由于你的不同理解,你选择前行的道路会有所改变。

可是即便上天通过共时性告诉我们应该前行的道路,它也不会热情细致地手把手地教我们如何去做。不如这么讲,共时性就仿佛一种"投石问路"。如何去解释?应该走哪条道路?其实都给我们留下了自我选择的空间。若非如此,我们的人生不过就是走在了预定道路上一样,失去了很多趣味和生机。

● 活出真正的自己

共时性会变换模样数度出现

一说到对共时性的关注，我常被问到的一个问题就是："如果错过了，该怎么办呢？"正如我在前文中介绍的一样，共时性出现的频度多得超过我们的预期。即便错过了，也不是无法挽救的。如果我们认为共时性是来自上天的路标，那万万没有错过一次就永远不再出现的道理。恐怕上天也不会说"这是特意给你的路标，既然错过了，以后就再不给你了"这种话吧。

我恰恰认为，越是重要的共时性，它们就像"回转寿司"一样，即便错过一次，还会数次转到你的面前。我自己就是一个好的例子，刚开始别人告诉我"尝试学习一下教练技术"的时候我没有行动，第二个人说出同样的建议时也没有做什么，可当第三个人出现的时候事情就不一样了。对第二个人的话，我听着还抱着疑惑的态度，第三个人的话却让我感觉到了一种叮嘱，"不得不去跟从"。当时确实是"三局为定"。

第二章 共时性向我们揭示了哪条才是应该前往的道路

当然，能不错过共时性是再好不过的。共时性有自己的时机，就如同"回转寿司"一样，错过的次数多了新鲜程度会下降。如果数次错过共时性，那就不是没有觉察到，而一定是发现了却因为对其揭示的前行之路心怀恐惧而佯装不知。

有时也会出现因为没有注意到"形态"的变化而真正错过共时性的情况。有趣的是，虽说共时性会多次出现，但并不总是以同样的模样示人。上天的确会变着法儿地向我们揭示前行的道路，不过有些讽刺的是，我们自己有时没有留意到这些"善意"，相反还有可能漏接这样的"变化球"。为了避免出现类似的令人惋惜的事，我们还是预先了解会有此种变化为好。

形成吸引共时性的磁场

前面说明了如何更好地发现已经出现的共时性，接下来我想介绍一下如何让共时性更容易出现在我们身边。共时性基本上是我们无法掌控的，来自所谓的"上天领域"的现象，因此很遗憾我们无法有意识地迫使其出现。不过，我们却可以有意识地创造出让它更容易出现的条件。

那就是，一有机会我们就要将内心真正想做的事说出来。本章逸事中提到的两个共时性，还有之前介绍的有位女同学帮我寻找教练资格认证课程所需要的付费客户的例子，均属此类。我都是以"实际上我想做这件事"的讲述为契机开启希望之门的。从我的经验来看，我们将自己想做的事情和别人说得越多，共时性就越容易出现。

然而，很多人对于要告诉别人自己想做什么事颇感犹豫。这恐怕是一种恐惧心理在作祟，害怕自己的话被轻视、被否定、被无视。不过我认为这样的恐惧也确实很可能让共时性对我们敬而远之。因此我们要想让共时性更容易地出现，更容易地被发现，就必须打开自己的心门。

在这里我想澄清一点，"并不是一说出自己想做的事，就一定会有共时性出现"。相反，如果我们对此太过执着，可能会影响它的出现。不管共时性会不会出现，我们要做的就是打开心门，一有机会就说出自己想做的事情。这一点非常重要。如此一来我们的周边会形成一个"磁场"，吸引共时性的到来。

共时性和内在的声音好比硬币的正反面

最后，我想说明一下共时性与前文中介绍的内在的声音两者之间的关系。读到这里，可能很多读者已经注意到了，可以说共时性与内在的声音一样都是来自上天的礼物。另外，也可以反过来说，内在的声音和共时性一样，都是揭示前行道路的路标。两者都可以被看作是上天给予我们的前进方向的"信号"。

两者的不同点在于，内在的声音是来自内部的一种"信号"，而共时性是来自外界的一种"信号"。如果用感觉来表达的话，内在的声音彷佛是推着我们后背的手，而共时性是向我们挥舞着的"来这里，来这里"的手。也就是说，虽然信号的来源有所不同，但是内在的声音和共时性基本上是连接在一起的。一想到从内部也好，外界也罢，上天不时地就会向我们发出一些信号，感激之心油然而生。

内在的声音和共时性之间还是相辅相成的关系。越是跟随内在的声音行动，共时性就越容易出现。同样，越是听从共时性的指引，也会听到越来越多的内在的声音。从这个意义上来看，也许可以说它们就仿佛一枚硬币的正反面。我们同时要关注内在的声音和共时性会出现"相乘效果"，它就好像一股强大的助推力，可以帮助我们成为自己，不做别人的附庸，活出自己的模样。

那么你的周围出现了什么共时性的现象吗？向你揭示了什么样的前行之路呢？

第三章

顺势而为,意想不到地打开人生的大门

第三章 顺势而为，意想不到地打开人生的大门

[逸事3] 以出版书籍为契机，成立公司

出人意料的热销

从美国学成归国后的一段时间，我一点点开始了自己的创业。我将留学时设计的创造天职的讲座以体验式工作坊的形式搬到了日本，还向参加工作坊后有进一步探索意愿的参加者提供教练式指导。在这个过程中，很多人向我表示："创造天职的内容很棒，教练的形式也很有意思，一定要教教我们。"

于是，后来我又以学习会的形式开始教授教练技术。就在那段时间，不知从哪儿听到了消息，有本人才培养类的杂志邀请我写一篇介绍教练技术的文章，还有家培

● 活出真正的自己

训机构请我举办与教练相关的演讲和培训。

那时，CTI的创始人将自己的理论写成了一本名为《共创式教练》的书并出版，我也非常期待此书能有日文版问世，于是跑了好几家出版社咨询。在拜访其中一家出版社时，没成想他们告诉我："我们虽然不做外文书籍的译本发行，但是这个题材听起来很有意思，如果你自己来写，我们可以做个企划试一试。"

结果，如企划一般，我从商业脉络的角度出发写了一本介绍教练技术的书，名为《发挥员工潜能的管理艺术之企业教练》，于1999年夏天出版。这本书虽是我的处女作，但可能问世时机把握得不错，最终销量达到了10万册，在商业类图书中算是比较热销了，后来各种演讲和培训的邀约也因此纷至沓来。说起"甜蜜的负担"不过如此，因为这种情况我一个人着实应付不来，于是我和CTI的创始者们商量，从第二年起CTI开始在日本提供共创式教练的课程。很早以前，我就盼望CTI的课程可以落地日本。我的书出版后引起了巨大的反响，CTI能以此为契机来到日本，对我而言这也算得偿所愿了。

第三章　顺势而为，意想不到地打开人生的大门

成立计划外的公司

不过，最初我并没有考虑过要将教练作为一项事业。说实话，当时我只是希望能在日本讲一回CTI的课程。CTI课程的首次培训在2000年5月举办，同年7月才成立CTI日本公司，就可以说明这个问题。

我自己参加了CTI的课程，人生得以改变，我也特别希望能将这门优秀的课程介绍给日本人，对于之后的事该怎么做，倒没有怎么考虑过。

然而，在我开办了两场教练课程的基础课培训后，学员们纷纷问道："中级课什么时候开？"听到这话，我心想"不妙"，于是赶紧成立了公司去回应这些诉求。原本对于自己成立公司这件事，我真是想都没想过。

可是一旦成立了公司，就要面临雇人和选址的问题，还有很多其他繁复的事要处理，这让一直以来都以自由职业者的身份天马行空地做事的我很不习惯。

另外，公司成立后我觉得要专注于教练事业，于是

将之前开办的创造天职的工作坊暂停了。这么做也是因为自己第一次办公司搞经营，对于同时再做其他的事实在觉得有些力不从心。这个决定对于我而言，就和成立公司一样，需要下很大的决心，非常有挑战性。

有意朝着教练的方向转型

不过，我之所以选择了教练这条道路，用一句话来说，是感受到了"势"的到来。从创造天职工作坊的参加者们希望我教授教练技术开始，到被邀约撰写介绍教练技术的文章、举办相关的演讲和培训，以及后来不经意地出书，书还出人意料地热卖，我感到这一系列的事情都在将自己朝教练的方向"引导"。

另一方面，当时在参加创造天职的工作坊后，如果有学员有进一步探索的意愿，我也会向他们提供教练服务。仅凭我一己之力，同一时期最多也不过能支持20人。如果不增加教练的人数，光是工作坊学员的后期指导都无法满足。这也迫使着我朝教练的方向转型。

第三章 顺势而为，意想不到地打开人生的大门

虽然放下自己一直以来喜欢的事业，踏入成立公司这个未知的领域让我多少有些不安，但是我相信"势"的存在，并决定顺势而为。

这个决定虽然让我的人生后来朝着意想不到的方向发展，不过也让我看到了自己身上一直没有显露的潜能。从这个意义上来说，回顾当时的决定，我再次切实地感觉到，顺势而为会让我们意想不到地打开人生的大门。

> **关键信息 3**
>
> 顺势而为，意想不到地打开人生的大门

针对关键信息 3 的解说

什么是"势"？

说到"顺势而为"，如果不了解什么是"势"，再有"为"的想法也奈何不得。我说的"势"是指感到一些指引着特定方向的事件不期而至。从这个意义上来讲，也许可以说"势"就是前文介绍的共时性在较短的时间内连续出现的现象。进一步来说，这些共时性揭示的方向未必与我们所想的方向相同，而且特别是在自己不设期待的时候，我能强烈地感受到"势"的存在。

第三章 顺势而为，意想不到地打开人生的大门

结合本章逸事我来介绍一下"势"。我开办了创造天职的工作坊，同时还想为参加者们提供教练服务，去一点点开创自己的事业。可是没想到参加者们询问"能否教教我们教练技术"，一家人才培养类杂志向我发出邀请，"能否给我们写一篇介绍教练的文章"，还有一家培训公司问道，"能否面向企业里的培训负责人做一场教练的培训"，这些不断而来的邀约就是一种"势"。后来，这个"势"不断扩展，我想翻译出版CTI恩师们的书，在洽谈出版事项的时候，一家出版社建议"你自己写一本关于教练的书如何"。而《发挥员工潜能的管理艺术之企业教练》这本书在出版后，意外地热销，在它的影响下，各种培训和演讲的邀约如雪片般纷至沓来。

事情发展到这个程度，就算不去认真想，恐怕也会察觉到一种"势"的存在，感知到它发出的信息——"就朝着教练的方向转型"。我自己虽然很早就意识到了这个"势"，可实际上让我下定决心顺势而为的，还是因为那本书的热销带来很多培训和演讲的邀约，我感到一个人无论如何都应付不过来。当时我最真实的感觉是，突然

● 活出真正的自己

认识到不可再逆水行舟了,认命吧。

顺势而为

说到"认命",也许有人会有一些被动接受的感觉,好像违反了自己的意志,勉强行事。但是对我而言,这个词却带着积极的色彩。要想表达出正确的语感,也许还可以用"领受"或"听从"的说法。也就是说,当"势"向我们发出"朝这里走"的指示的时候,就算这个方向与自己之前的预想有一些差别,甚至大相径庭,我们也要放下预设随之而行。

要想顺势而为,我们就要有一个觉悟,那就是往往要放下自己已知的或正在做的事,翻身一跃进入一个未知的领域。英语里有个短语"Leap of faith"(大胆一试),说的就是这种感觉。日语中"跳下清水的舞台"(下狠心做某事)的说法,也许更接近这种感觉。

用本章逸事中我的例子来说,我顺势而为放下了自己开创的创造天职的工作坊和面向个人开展的教练服务,一头扎进了"创业"这个我以前从没有涉足过的未知领域。对于创业能否成功,完全不可知,虽然继续做自己之前一直做的事可能更为安全可靠,但是这样一来就是逆势而行了。

这么一想的话,与继续做以前的事这种消极应对相比,我们是不是反而可以说顺势而为是一种积极的行动。

无为而治

如果要换一个词以更好地展现顺势而为其实是一种积极的行动,那么我想这个词应该是"无为而治"。"无为"是中国三大宗教之一道教的重要理念,光从文字上看是"什么都不做"的意思。的确,从"无所作为""碌碌无为"这些表述来看,"无为"在现代语境里一般是比较消极的说法。不过道教中原本说的"无为"可不是什么都不做的意思。道教里有个用语是"自然无为",它是指"宇宙万物的存在及发展都是自然而然的,不受任何意志的支配"。也就是说,"无为"是"不刻意而为"

的意思，换句话说就是"不违背宇宙自然的规律"。我们也可以认为"无为而治"是"遵循宇宙自然的规律去行动"。

教练事业已经乘势而来，如果我此刻说"不不不，我还是要像以前一样，主要去做创造天职的工作坊"，不顺势而为，那就是刻意为之，而不是无为而治了。这时，即便没有当初的计划，即便会伴有风险发生，敢于自然而然地顺势去成就教练事业才是无为而治。从这个意义上看，也许我们可以说，这是选择按照自己这颗小小的脑袋思考出的计划去行动，也是跟随宇宙自然的规律去行动。

设计好的人生与顺势而为的人生

我认为人生有两大类生存方式。一类是"按照计划"，另一类是"顺势而为"。世间众人大多无意识地选择前一类的生存方式。之所以会这样，因为很多人并没有认识到还有一种截然不同的选择存在，但是我感觉到更为根

第三章 顺势而为，意想不到地打开人生的大门

本的原因还在于大家对于未知的事物心怀恐惧。

在之前我也讲过，要想顺势而为，往往需要我们放下已知的或是一直以来从事的事情，跃入一个未知的领域。所谓"未知"是指"不知会有什么结果"，很多人恐怕难以接受这种"不确定性"。与之相比，计划是在自己可以预测的范围内，即"已知"领域，只要按照计划行动，多少还是能看到一些未来的，这也许能让我们感到安心。可是，谁都无法保证事情一定会按照计划推进，"计划落空"的情况也时有发生。

在人生当中，与已知相比，实际上未知的事情占据了绝大多数。即便如此，在遇到困难的时候，我们总希望能掌控发生的一切，不经意地就会朝已知的领域走去，因为已知总比未知容易掌控。这个想法当然无可厚非，只不过人生不如意之事十之八九，这样的掌控只能让我们对未知更加感到恐惧。心怀恐惧，也会降低我们对人生的满足感和幸福感。我认为，既然未知多于已知，我们不妨接受这个事实，去享受未知带来的变化。如此一来，人生的满足感和幸福感最终也会提升。

● *活出真正的自己*

与世界为敌还是与之交好

能否对未知的事物敞开心门,不仅是顺势而为,这是我们在跟随内在的声音和共时性行动时也一定会遇到的问题。当然,知易行难。那么究竟该如何对未知的事物敞开心门,以无为而治的精神去顺势而为呢?

我认为一个人能否对未知敞开心门,这与他如何看待世界有着很大的关系。对于未知心怀恐惧,从根本上来讲是将世界视为自己的"敌人"。而我们一旦与世界为敌,人生就成了一个战场。照此推论下去,在这样一个由弱肉强食的理念支配的充满杀戮的环境里,一点大意都会遭人暗算,自然心门也是关闭着的。

另一方面,如果我们将世界当作朋友,就能看到截然不同的风景。爱因斯坦曾经留下一句不为人知的话——"人生最重要的决定,是与宇宙交好还是与之为敌"。我以前隐隐有这个想法,但是苦于找不到合适的语言去描述,当听到爱因斯坦的这句话,真是有一种豁然开朗的感觉。我之所以会有这样的想法，也是因为从跟随内在的声音去美国留学起，就想以更加信任世界的方式来生活，在一步步的实践中感悟到这一点。也就是说，我不是带着恐惧的目光去看待这个世界并且关上心门，而是有意识地从根本上转变了自己的立场，用信任的目光去迎接这个世界并不断敞开自己的胸怀。

什么是彻底的信任？

我将这样的立场称为"彻底的信任"（Radical Trust）。"Radical"这个词有"根本的"和"过激的"两层意思，"Radical Trust"是指不谋求任何的根据和回报，相信世界是我们的朋友而不是敌人。

不可思议的是，我发现在有意识地转变成这个立场后，我越是打开自己，就越能感知到内在的声音和共时性的信息。通过这个经历，我也越来越确信一件事，那就是宇宙会以各种各样的形态向我们发出信息，我们要做的只是打开自己的心门而已。

当然，并不是一旦打开心门就要保持敞开的状态，我自己有时也会关上它。但是较之以往，我有一个变化，那就是与追求人生特定的结果相比，我认为打开心门、基于信任去生活是更为重要的一件事。人的一生，并不是打开心门就全是好事降临，有时也会发生一些让我们受到伤害想要关上心门的事。不过，我觉得这样的体验也恰恰可以测试一下我们到底坚持了多少"彻底的信任"，越是这个时候越要打开自己的心门。每当我感到宇宙的自然规律在持续引导我朝着"活出真正的自己"这个方向前进的时候，我总是禁不住感叹爱因斯坦那句话的正确性和重要性。

再重复一遍，不能对未知打开心门，那是因为对世界，进一步来说是对宇宙不够信任。如果能改变这个基本的立场，那么对未知的恐惧就会转变为好奇，也会更易于我们去顺势而为。

当势发生变化时

说到顺势而为，并不是只要顺了势就可以了。当我

第三章　顺势而为，意想不到地打开人生的大门

们坐船顺流而下的时候，常常要一边观察河流的流势，一边调整行舟的方向。和这个道理相同，在人生的洪流里，我们也要时不时地观察流势，根据需要调整方向。

如果我们没有注意到流势的改变，很可能出现偏离河道的情况。关于这一点，我自己就有一个惨痛的经历。实际上，在我的教练事业启航后，有一段时间还是在正轨里的，事业本身虽然在不断发展，可是中途我自己却陷入了一个非常痛苦的状态中。我当时对此浑然不觉，并没有意识到是势发生了变化，还是一味地想要努力经营去回应周围的期待。直到有一天我的身体出现了状况，我才意识到这个问题。

到底出了什么状况，我会在下一章的逸事中进行介绍，在这里就不详述了。从这个经历中我发现，势是会发生改变的，如果我们多加留意，就会注意到宇宙会以某种形式向我们发出信号。如果一直忽视这个信号，不经意间我们就会偏离航道。我那种"非常痛苦"的感觉其实就是"势发生了改变"的信号，因为一直没有留意，最终导致身体出现问题，事业脱离了航道。这真的是一个教训。

● 活出真正的自己

要说势发生了什么样的变化，我认为是从一直以来的"要投入教练事业中"到完全相左的"要离开教练事业"这样的变化。我在不知不觉中一厢情愿地认为前一种势会一直持续下去，所以沿着这条道路为教练事业不断倾注精力，为此有时难免勉强行事。但是后来，我觉察到这个做法是刻意为之，而不是无为而治。如果说是以无为而治的状态踏入自然的流势中，那么应该不怎么费力事情也会自然推进，可那时很明显，情况完全不一样。那时的我就抱着"应该这么做"的念头，想把头脑中自己描绘的计划努力地执行下去，那种感觉就好像是在逆水行舟。我们即便顺了势，也要时不时地确认乘势的状态，如果觉得"哎呀，有些奇怪"，就要重新调整自己和势之间的关系。

顺势而为与随波逐流的区别

那么当我们感觉到势来临的时候，是不是一定要乘势而上呢？我不这么认为。不是无论出现什么势，都一定要进入的，进入与否由我们自己来决定就好。自己的决定体现了自己的意志，我认为这一点是非常重要的。若非如此，就从"顺势而为"变成了"随波逐流"。

如同前文提过的，顺势而为也不一定所遇之事皆一帆风顺。当出现问题时，如果当初不是我们自己的选择，很可能就会去责怪他人，或者苛责这个势本身。但是如果是基于自己意志的判断，我们应该可以接受这个结果，而不是怪罪于其他。

当同时出现多个势，不知做何选择的时候，我建议大家根据自己此刻认为最重要的事来判断。之所以这么说，是因为不仅有关势的选择，我们在日常的各种选择中如果体现了自己的关切，那么这更能表达我们自己的生活态度。也就是说，这样的一个个选择是在表达我们自己，为我们自己的人生塑形。如此一来，不论这些选择最终结果如何，我们在走完一生的时候也可以感叹："啊，我活出了真正的自己！"我认为所谓无悔的一生，就是由这样的自我选择，特别是由自己的关切作出的一个个自我选择构筑而成的。

● 活出真正的自己

迎浪而上的比喻

当说到选择顺势而为时，也许对一些人来说用"波浪"来比喻比"（流）势"更易懂。确实，就像在海上冲浪一样，面对人生奔涌而至的浪涛，是否迎浪而上、踏浪而行是由我们自己决定的。

流势的说法容易让人觉得是不常变化的一个流向，波浪则带给我们一波一波不断翻涌而来的感觉。实际上，冲浪要有自己的判断。如果不是自己期待的浪，或是自己没有准备好，那可能要等一等，直到那个合适的浪出现并顺势而上。当然在这个过程中，也可能会出现上板一试却因为没有掌握好节奏而掉入海中的情况。不过这与就那么呆呆地看着浪过去，或是被浪卷挟着而束手无策的情况，有着本质的区别。虽然结果可能有好有坏，可是与结果相比，更重要的是我们自己去选择了迎浪而上。

用波浪作比还有一个好处，它能展示出浪涛一波过去一波又过来的状态。同样，我认为人生的波浪也不仅是一回，它们会一波一波地奔涌而来。因此，即便错过这一波，也不必总懊恼不已地念叨着："啊，要是踏上那波浪就好了。"与其对错过的浪念念不忘，不如去关注下一波浪的到来。也就是说，我们要把时间和精力放在接下来需要思考的事情上。

一想到浪轻易不来，就更认为绝不能错过，也许反而让我们紧张得动弹不得。但是如果知道浪会一波一波地过来，我们不是能更轻松地去应对吗？不论是迎浪而上还是顺势而为，我觉得都要保持一个轻松的心态。"一波浪或势来了，就要踏上一试"，可以说我们要的就是这种感觉。

人生就是一个试验场

我认为人生从某种意义上而言是一场试验接着另一场试验。没有谁过着与别人完全相同的一生，自然人生中有很多事情，如果我们不去尝试就不知道是否会顺利推进。同样，说起顺势而为，如果不去顺势感受体验一

活出真正的自己

番，情况到底如何谁也说不好。

不过，"按照计划的人生"同样也是不做不知的。既然都是未知，那么就要看按照哪种方式去生活更有意思了。我自己认为，还是"顺势而为的人生"更有意思。为什么这么说呢？在"按照计划的人生"中，假使所有事情都按照计划推进，那么我们能收获的也仅仅是"一切按照自己预期进行"的满足感和成就感。如果是"顺势而为的人生"，因为原本就没有计划，我们常常会好奇"接下来会有什么发生"，会对一系列出人意料的进程觉得惊叹和感动。

"顺势而为的人生"不是仅仅比"按照计划的人生"有意思这么简单。如前文介绍的，顺势而为的人生没有恐惧，是敞开心门的，基于"Radical Trust"这个最根本的信任去度过一生。说到底，它是"将宇宙视为朋友"的一种生活方式。当然，没有科学依据显示这种生活方式会比"按照计划的人生"更为顺遂，每个人只能通过自己的人生去试验。

说到我们要花上自己的一生去试验的生活方式，那

第三章　顺势而为，意想不到地打开人生的大门

么通过这个试验我们想证明的有价值的假说究竟又是什么呢？对于我而言，这个假说就是，跟随内在的声音和共时性，有意识地朝着它们指示的人生之路前进，我们才可以活出"自己是为此来到这个世界上的"一生。为了证明这个假说，我一直在自己的人生中每日实践着、积累着，今后也将继续下去。

好了，现在你的人生中有什么势来临吗？试着顺势而为，你的人生会出现什么可能呢？

第四章

人生所遇之事均有
其意义所在

第四章 人生所遇之事均有其意义所在

[逸事4] 登上和平之船的环球邮轮之旅，退出公司的经营

胆结石发作与来自教练的拷问

2002年春天，在公司成立两年左右的时间，突然发生了一件让我始料未及的事。一天早上，我突然感到腹部一阵剧痛，因为痛感愈发强烈，我叫了救护车，躺在担架上被送去了医院。医生判断是胆结石发作，当天就让我住院以接受进一步的检查。坐救护车也好，住院也罢，我都是第一次经历，难免慌乱，不过好在注射了止痛药物之后，痛感暂时消退了。

那时，虽然很幸运的是公司的发展一切向好，但是头

● 活出真正的自己

两年也还处于负债经营的状态，在勉力支撑之下我最终也累得生了病。那时我有一个教练是加拿大人，出院后我跟她讲了生病入院的原委，并告诉她经过进一步检查得知自己可以不做手术，心里也就松了口气。她回复道："你嘴上说着松了一口气，可是总感觉你一副很失望的样子。"

听她这么一说，我的第一反应是："啊？怎么会？"可是仔细一想，我发觉自己好像在说到也许会做手术时，心里想着："这么一来终于可以休息了。"我将这个发现告诉了她，她却突然很生气地回答："太奇怪了，难道不生病就没法休息了吗？同样是休息，身体健康的时候休息不是更好吗？""的确如此。"我回答道。紧接着她问了一个非常教练式的问题："如果让你以健康的状态休息三个月，你有什么想做的事？"

那时，我不经意地一抬眼，看到了屋子墙壁上贴着的一个广告，那是以前剪贴下来的和平之船[①]的新闻广

[①] 和平之船是于1983年成立的、由同名的非政府组织举办的、以国际交流为目的的环游世界各地的邮轮之旅。

第四章　人生所遇之事均有其意义所在

告，记得自己曾经念叨过"什么时候要是能去的话，我也想体验一下"。仔细一看，广告上面竟然写着"为期三个月的环绕世界一周之旅"。"就是这个。"我非常明确地告诉教练，这下好像打开了话匣子，她接着问我："那么，为了实现这个想法，首先你要做什么？"我回答道："我会立刻联系组织方，索要最新的资料。"在和她结束谈话之后，我即刻给组织方打了电话。他们说："正好这周的周六就有一场说明会，您要过来吗？"我一看自己的日程正好空着，就决定去参加说明会。

冲动之下登上和平之船

这个说明会，我是带着未婚妻一起参加的，我们当时计划同年7月结婚。说明会刚听了一半，我就开始写申请表，她睁大眼睛盯着我说："你这是干什么呀？"我回复道："现在要是不申请的话，我想以后是绝对不会去的。"那时我的行为与其说是认真思考下的判断，不如说是一时冲动的结果。

● 活出真正的自己

不过，如果当时没有填写申请表，也许之后我会列出很多不能去的理由，最终打消这个念头。虽说CTI日本是家小公司，但是在事业还没有进入正轨的时候，公司经营者却停下手头的工作休假三个月去旅行，这样的做法听起来真是闻所未闻。然而我确信我听到了内在的声音，它告诉我"要参加和平之船的旅行"，于是第二周我就将我的决定告诉了同事们。

一开始大家都很震惊，但是难能可贵的是，最终他们都祝福道："公司的事我们会打理好的，你就安心静养身体，过一个悠长的蜜月吧。"

惊叹于自己的无知

就这样，在那年的8月我开始了为期三个月的和平之船的旅行，并拥有了一段和当初自己的设想迥然不同的体验。和平之船最初是为了将在日本收集的生活物资，用船运送给世界上经济不发达地区的人们，或是遭受自然灾害的人们而成立的团体，乘客们从某种意义上来说

第四章 人生所遇之事均有其意义所在

是搭乘了一艘支援活动的顺风船。

所以,在途经的各个港口,除了所谓的观光之旅,也会有以"交流之旅""研修之旅"为名举办的,与和平之船支援的当地人民进行沟通交流的活动,以了解他们直面的各色难题。我和妻子一起参加了几场这样的活动,这真是难得的体验,让我对于之前只停留于概念层面的"环境破坏""贫富差距""战争的悲惨"等问题有了切身的体会。

另外,船上每天都有由被称为"领航员"的专家举办的世界时事问题讲座,因为也没有其他什么事可做,我就经常跑去听。讲座上的所见所闻超出了我自己的认知范围,我现在还记得当时的我深深惊叹于自己的无知。

在此之前,我在教练这个小领域里也算小有成就,也许多少有些自负。但是和平之船的旅行让我产生了强烈的危机感,意识到自己不过是"井底之蛙"。说起坐船环游世界一周,也许大家想象的都是非常优雅的旅行,可对我而言却好像是一种脑袋被狠揍了一拳的体验。

● 活出真正的自己

超乎寻常、不合时宜的声音

我在这样愕然的情绪中备受煎熬，有一天正站在甲板上眺望一望无际的大海，不经意间听到了心里发出的内在的声音——"It's time to move on"。不知为何，当时听到的是英语，翻译过来是"是时候行动起来了"。这要在平时，我多半会不明白，可当时我的直觉告诉我，这句话的意思是"是时候放手教练的工作了"。

想到这里，我脑子里的第一反应就是"不会吧，这怎么能行"。因为对于当时的自己而言，这个声音真的是太超乎寻常、不合时宜了。公司好不容易站稳了脚跟，接下来正是要好好发展的时刻，创始人却连休了三个月的假，一回到公司就提出辞职。这样的事，我真是干不出来。

当然，我也完全可以对这个声音充耳不闻。可是一想到当年在美国留学时我就决心"从此跟随内在的声音行动"，正是一路践行这个理念才开创了教练事业，如今的我无论如何也不能以不合时宜为由违逆内在的声音了。

不过，就在第二年，CTI日本首次开设了新的资格认证和领导力培训课程，这也给了我一年的缓冲期。这期间对于是否真的放手，我也的确感到彷徨，但是幸运的是我遇到了"可以托付"事业的人，也获得了同事们的理解和支持。于是按照计划在一年后的2013年年底，我辞去了CTI日本法定代表人一职，退出了公司的经营。

人生没有浪费

回望过去的生活，我感觉到人生发生的每一件事都是有意义的。胆结石发作时我感到疼痛不已，想着"为啥一定要经历这样的痛苦"，可正是这段经历让我登上了和平之船。而且，正是因为和平之船的旅行，我得以认识到自己的无知，从教练这个狭小的世界跳脱出来，朝着新的挑战又迈出了一步。

我发觉当一些事情发生的时候，即便完全不知道其为何发生，意义何在，但是如果秉持着"这一定意味着什么"的想法，无论发生什么事情我们都可以冷静地接受和面对。

换言之，"人生没有浪费"。为什么这么说呢？因为如果人生所遇之事都有其意义所在，那么没有一件事是存在浪费情况的。

第四章 人生所遇之事均有其意义所在

关键信息 4

人生所遇之事皆有意义

针对关键信息 4 的解说

赋意是上天仅赐予人类的特权

虽说人生所遇之事皆有意义，但是从一个个事件中找寻到什么意义就见仁见智了。没有诸如"一件事发生了，就代表什么意义"这种万人通用的公式可以套用。也就是说，"发现意义"完全是一项个人化的作业，是每个人必须自己面对的作业。

这么一说，可能很多人会认为"必须要找出自己人生所有所遇之事的意义"。当然，这个想法实践起来并不容易，也没有必要。"发现意义"绝不是我们的义务。我认为，它更像是"权利"，是上天仅仅赋予我们人类的一项特权。

奥地利精神病医生维克多·弗兰克曾在第二次世界大战中被关押在纳粹集中营，之后又奇迹般幸存下来，他说："人是追求意义的动物。"换一个视点去看的话，人类是地球上唯一具备探求事物意义的能力的动物。当然也许其他动物也有判断"这里危险"的非常基本的能力，但是那更多的还是一项生存本能，没有什么动物像人一样拥有如此高超的赋意能力。

然而实际能认识到发现意义是我们自己的特权的人并不多，因此大多数人并不能充分运用自己拥有的"赋意能力"。如果我们对于此项特权没有自我觉察，非但收获不大，损失还有可能不小。之所以这么说，是因为赋意能力是把"双刃剑"，能带给自己益处，同样也会招致危害。

有用的赋意与无用的赋意

赋意大体上可以分为两类，对自己有用的赋意和对

第四章 人生所遇之事均有其意义所在

自己无用的赋意。"对自己有用的赋意",换个说法就是"带给自己力量的赋意",反之"对自己无用的赋意"就是"夺去自己力量的赋意"。不管大家有没有意识到,我们常常会对人生所遇之事赋予一定的意义,但是所赋予的意义并不一定能带给我们力量。

这又是为什么呢?根据最新的脑科学研究显示,人类似乎原本就有将事物朝不好的方向解释的癖好。人类的大脑由三层构成,据说其中被称为"动物脑"的部分如果感知到危险,会本能地无意识地采取行动,具备立即作出避险判断的机制。人类在远古时代还以狩猎为生,遇到猛兽等外敌需要逃命时,这种机制的确发挥了重要的作用。即便在现代,当我们遭遇战争或犯罪等极端情况,也需要这样的机制发挥作用。不过,虽然这样直接遭遇危险的场景其实并不多见,但是在以往残存记忆的作用下,动物脑对于每天发生的事情会过度地朝着不好的方向解释,好像总给我们一种自己正处于危险之中的错觉。

不仅是对已经发生的事情,在面对将来要发生的事情时，这个癖好也总是跳出来干扰我们。即过度评估夸大风险，让我们最终无所适从。也许有人认为"虽然这么说，但在一定程度上预估风险终归还是一件好事"。不过，很多时候对于风险想得越多，不安就越多，很可能让我们失去了最初的干劲。如此一来，我们就会发挥不出本来的实力，最终无法给自己或身边的人带来帮助。

心理学家、休斯顿大学教授布莱梅·布拉文研究发现，很多人都有因为担心"进展不顺该怎么办"而放弃自己真正想做之事的倾向。不仅如此，为了平复进展不顺带来的震惊，很多人日常就在头脑中"排练悲剧"。如此一来，当实际的进展真的不顺利时，就可以说"果然，和自己想的一样"。也就是说，因为过度担心自己受伤，我们将赋意的能力用在限制自身，而非扩展自身的可能性上。

赋意的影响力

在这里有件事我想澄清一下，不希望大家有误解。

第四章　人生所遇之事均有其意义所在

将事物朝不好的方向解释本身并不一定是问题所在。因为有时看起来"消极的"赋意反而会带给我们蓬勃而发的力量。比如，因为过度严苛地评价自己的处境，反而激发了抗争意识，让我们更加发奋图强；因为太过烦恼，反而提升了与他人共情的能力等，这些例子也比比皆是。

也正因如此，我特意不去使用"积极的赋意"或是"消极的赋意"这样的说法。我重视的只有一点，那就是这个赋意是带给我们力量，还是夺去我们的力量。发生的事情，原本没有积极或是消极之分。从某种意义上可以说，事情本身是没有任何意义的，从中找寻意义的是我们人类。所以最为关键的是，我们的赋意会带给我们什么样的影响。

如果我们对于赋意的能力没有觉察，那么不只是不能通过赋意带给自己力量，极端来讲，可能还会给我们招致一些生死攸关的麻烦。在前文里提到过的奥地利精神病医生维克多·弗兰克，和他一样被关进纳粹集中营而奇迹般幸存的人们，据说都有一个共同点，那就是强烈地感知到了生存下去的意义。比如，"我要活下去做历史的证人，不能让此等暴行再度上演"，或者"我还有未完成的工作，我还不能死"。另一方面，很多对自己的处境深感绝望的人，在被送到毒气室之前就已经丢了性命了。也就是说，那些能通过赋意带给自己力量的人比其他人的幸存概率更高。我之所以认为赋意能带给我们巨大的影响力，也正是基于这一点。

虽说比最高峰时稍稍减少了一些，但现在日本每年的自杀人数也达到2.4万余人，这与人们如何解读人生中的所遇之事息息相关。当然，选择以自杀这种极端的方式结束自己生命的人们，背后大多遭遇过生活的重创。可是即便如此，在作出这个选择前，一定是被某种赋意夺走了自己的力量，而且是活下去的力量。每次我听到有人自杀的消息，总是禁不住想：难道就没有其他的赋意方式了吗？

赋意的方法无穷无尽

说到这里，大家大概多少了解了赋意的重要性。接

第四章 人生所遇之事均有其意义所在

下来我想介绍一下如何赋意才能带给自己力量。

要想让赋意带给自己力量，首先要有自我觉察，知道自己具备赋意的能力，并且一直对所遇之事进行赋意。在这个基础之上，要留意自己对于每天发生的事情是如何解读的。特别是遇到意料之外的事情或是看上去比较消极的事情，很关键的一点就是留意自己是如何解读的。如果发现自己被赋意夺去了力量，那么就要思考什么样的赋意能反过来带给自己力量，并加以选择。

也许这个方法听起来很简单，可是如果要把平时无意识的赋意流程有意识地展现出来，需要付出相当的努力才行。用心理学的专业术语来说就是"超认知"，即认知自己的认知方法。为了实现超认知，就要养成一个客观地把握自己的思想的习惯，就好像自己要从平时起就去有意识地窥探自己的大脑一般。

当然，也许最初会因为不习惯感到很困难，或者无论如何也想不出能带给自己力量的赋意。这个时候如果因为想着"无论如何都要找个意义出来"而焦虑，那么反而会产生一种强迫症，夺去自己的力量。因此，马上

● 活出真正的自己

找不到意义也没关系，要想着"这件事一定有其意义所在，之后自然会明白"。如此一来，过一段时间再回顾一下，应该会发觉"啊，那件事原来有这么个意义"。

在这里有一点希望大家留意，即便是同样的事件，赋意的方法也是无穷尽的。和数学题有唯一的正确答案不同，带给自己力量的赋意方法并不唯一，有多种渠道。如果能灵活地解读"也许有这层意义，也许还有那层意义"，那么之后的故事一定会延展出很多新的可能。

编织带给自身力量的故事

那么，如果我们能灵活地解读人生所遇之事，之后又会延展出什么样的故事呢？

虽然去发现每一件事情的意义会带给我们帮助，但是我认为能进一步帮助我们的做法是，从一系列不同的事件中发现有意义的关联。这与如何发现逸事2中提到的"共时性"和逸事3中提到的"势"也有关系。如果我们在看起来并不相关的一系列事件中发现有意义的关联，就会有一个新的脉络浮现。所以，如果可以在一定程度上灵活地解读每一个事件，那么就会增加发现与其他事件接点的可能，将它们彼此相连也许就会延展出新的故事。

从某种意义上来看，这个做法与寻找星座的工作相似。星座原本并不存在，是我们人类将夜空中浮现的无数个星星连接起来并赋予了星座的概念。更进一步地说，我们完全没有必要去了解现在广为人知的星座，可以自己去发现其他的联系，创造新的星座。同样，谁都可以从一系列看似无关的人生所遇之事中发现有意义的关联，创造出自己的故事，而且是带给自己力量的故事，这是谁都可以做到的事。可是即便如此，还有很多人不会去寻找和发现这些事件之间的联系和意义，而那些貌似能发现意义所在的人又往往一味地认为一定会有正确的星座存在。

赋意的终极目的是什么？

去找寻自己人生所遇之事中的有意义的关联，这件

活出真正的自己

事的终极目的到底是什么呢?如果赋意本身成了目的,那就不过是场游戏或是消遣罢了。

我认为赋意的终极目的是为了"精神上的自由"。面对自己人生遇到的事情,如果不以带给自己力量的形式进行解读,那么我们就会成为这些事件的"牺牲者"。为什么这么说呢?因为不管人生发生什么样的事,只要愿意我们都可以找到带给自己力量的赋意。如果不发挥这样的主动性,就会让事件本身成为打造自己人生的主体,而自己只能成为被别人主宰的客体了。

要想活出真正的自己,我们就要从发生的事件中夺回人生的主导权。只要我们还是事件的牺牲者,就无法过上称之为自由的人生。回顾人类的历史,其实也是阶段性地获得不同程度的自由的历史。在奴隶社会争取肉体的自由,在封建社会谋求社会的自由;在专制时代挑战政治的自由,在工业革命以前的时代追求经济的自由。当然,即便在现代还有一些人无法获得自由,但是大抵所见历史是在一步步进化的。而且我认为,最后遗留的堡垒就是精神的自由。

即便其他的自由全部受环境所限，精神上的自由也是有可能超越克服这些环境的。本章数次提到的维克多·弗兰克医生就是一个很好的例子，他在纳粹集中营里被剥夺了人生的自由，但是唯独没有向任何人交付自己精神上的自由。虽然身处绝境，可即便是纳粹也无法剥夺他那种能带给自己力量的赋意能力。相反，即便拥有肉体的、社会的、政治的、经济的自由，精神上不自由的还是大有人在。经常能听到有些人拥有着令人羡慕的生活，可是突然有一天却用自杀的方式了结了自己的性命。每当听到这样的事，我都不禁去想一个问题——"究竟什么是幸福"，我推测这个问题的答案与精神上的自由有着莫大的关联。

象征性的现实与科学性的现实

有一件事我希望大家思考一下。假设每个人都拥有赋意的能力，虽然它原本应该是自由的生命中最唾手可得的一项能力，可是为什么很多人并没有掌握这个能力呢？

这是一个尚未得到充分开发的领域。我能想到的其中一个理由就是，我们现在生活的这个时代奉行的还是科学至上主义，还很难接受对一个现实可以有无数种解读方式的思维模式。

　　说起科学，特别是近代以来的传统科学往往追求唯一的答案。因此看待现实的方式也是一样，不允许模糊的解释存在，也可以被称之为"科学性的现实"。而我认为还有一种现实是与之相对的，叫作"象征性的现实"。也就是说，现实并不是原样的现实，是被赋予了一定意义的现实。实际上，我们常常将眼下的现实赋予自己的意义，明明活在象征性的现实中，却好像误以为大家都生活在同一个科学性的现实中。我深深地觉得这才是问题的症结所在。

　　这里很关键的一点在于，科学性的现实虽然只有一个，但是象征性的现实却是无穷的。而我们恰恰可以从无穷的象征性现实中挑选自己喜欢的事物。如果人们能发觉自己拥有这项难能可贵的特权，并且加以活用，那么就能获得精神上的自由。

第四章 人生所遇之事均有其意义所在

"木屐带断了"是好是坏?

有一些人总把事情朝着有利于自己的一面进行想象。我想重申一点,能通过赋意让人生所遇之事带给自己力量是一项非常重要的能力。我们应该多锻炼这样的能力。

举例来说,在日本常常将"木屐带断了"视为不详事件。当然,现在日常生活中少有人穿木屐,但是依然有不少人认为木屐带断了预示着有不好的事情要发生。不过,这个说法究竟是从何而来的呢?这个事情本身是没有任何科学依据可言的。同样,反过来我们把它看作吉兆也完全没有关系。即便木屐带断了也依然保持开心的人们,可以说在逆境中也会有一股不服输的劲头,相比那些立刻将事物朝不好的方向解读的人们,他们可以一直过着幸福的生活。大家认为如何呢?

如果大家对这样的人心存抵触,也许是一种情绪在作祟,那就是担心如果将事物朝好的方向解读,最后要是失败了该怎么办。其实"失败"也是一种赋意。看待失败的方式不同，带来的结果也有可能不同，有的会带给我们力量，有的则可能夺去我们的力量。发明家爱迪生在发明电灯前曾经历过很多次失败，有人问他为什么没有放弃，他说："我不认为自己是失败，我只是发现了上千种不合适的方法而已。"对他而言，这才是能带给自己力量的赋意。

最重要的赋意

到这里我已经反复说到赋意的方法是无穷的，不过其中有两个方法可以称之为所有赋意的基盘，那就是"自己的存在是有意义的"和"人生所遇之事皆有意义"。只有以这两个赋意为前提，其他的赋意才能成立。同时，这两个赋意也是带给我们力量的源泉。

反过来说，如果认为自己的存在和人生的所遇之事都是没有意义的，那么这个赋意将成为剥夺我们力量的罪魁祸首。弗兰克医生所说的"人是追求意义的动物"，换言之也可以说"人是认为存在没有意义就无法生存下去的动物"。如果认为自己的存在和自己所遇之事都是无意义的,那么的确也会感觉不到生存的意义吧。

不,如果认为自己的存在、自己所遇之事都有其意义所在,那么这是从根本上对自我的肯定,同时也是对世界的肯定。那时,人们一定能没有恐惧、充满感谢和信任地度过一生吧。也许可以说这才是赋意带给我们的最大的影响力。

那么,你对日常自己所遇之事又是如何赋意的呢?它们带给你力量了吗?

第五章

与追求正确的答案相比，提出正确的问题更能丰盈我们的人生

第五章　与追求正确的答案相比，提出正确的问题更能丰盈我们的人生

[逸事5] 生态村吸引我移居苏格兰

参加生态村的培训

对于从 CTI 日本引退之后要做什么，我并没有具体规划，但确实有一件特别想完成的事。那就是前往英国苏格兰的芬德霍恩①参加一年一度为期一个月的"生态村培训"项目。顾名思义，"生态村"是指可与周围自然环境和谐共生的人居社区；而参加生态村培训，我将从多个方面学习如何构建这样的社区。

---

① 芬德霍恩生态村位于英国苏格兰北部，由 Eileen Caddy 和 Petter Caddy 夫妇及其友人 Dorothy Maclean 于 1992 年共同创立。创立之初着重生态理念认同，现在已作为生态理念与实践共举的代表性社区而闻名于世。

想参加生态村培训，是因为直觉告诉我培训内容可能会对教练工作中模模糊糊意识到的一个问题有所启发。

"教练是一种卓有成效的沟通手法，可以协助学习者激发自身潜力。但如果世界上没有这种激发人们潜能的机制，归根结底人们到底可以发展到什么程度呢？"

换句话说："什么样的社会能让人充分发挥自身潜能？"这个问题萦绕在我心头许久。

在芬德霍恩小镇的发现

前往芬德霍恩参加生态村培训之后，我渐渐看清了自己直觉中感受到的那个问题的答案。生活在芬德霍恩，人人自产所需食物，自备所需能源，因为自给自足则基本无需过多依赖外部社会，整体运转方式非常民主。

我一直认为，无形的依赖滋生无助感，而无助感正是阻碍人们充分发挥自身潜力的最大因素。因此，我在教练时始终强调"自己思考，自己动手"的重要性。然而，目睹芬德霍恩人的生活方式之后，我意识到我们将食物、

第五章 与追求正确的答案相比，提出正确的问题更能丰盈我们的人生

能源这些赖以生存的事物假以他人之手的做法本身就会在无形中滋生无助感，夺去我们生存的力量。

那么，接下来的问题是：如何摆脱这种境地？仅凭在芬德霍恩一个月的所见所闻，自然不可能马上解答这个问题。为了找到答案，我决定暂且将问题搁置一段时间。

千万分之二十四的奇迹

2004年秋天，也就是在参加生态村培训大约半年后，我收到了来自CTI美国总部的邮件。信中询问我："CTI接下来要在土耳其开办新的课程，你是否愿意教授最初的模块？"

离开CTI日本时我已言明将不再教授CTI的课程。我不知道为什么还会收到这样的邮件，莫名之余甚至感到有些恼火。

可是，心情平复之后考虑邮件的提议时，我意外地感觉到心弦已被挑动，还没想清楚为什么要做就应承了下来。接下来发生的共时性简直令人难以置信。

参加芬德霍恩生态村培训期间我曾与一位土耳其女士成为朋友。答应前往土耳其后，我想趁此机会正好见见这位友人，于是联系了她。可惜她当时不在土耳其国内，便把我介绍给了另一位朋友。冥冥中缘分牵引而来的结果是，我在一番邮件往来之后发现，介绍而来的这位新朋友竟然报名参加了我要教授的CTI课程！

此前我仅有一位土耳其友人，在伊斯坦布尔超千万的人口中，偏偏是她介绍给我的新朋友报名参加了定员仅为24人的课程——发生这种巧合的概率有多大？这种不可思议的共时性让我确信，决定去土耳其是正确的，而且一定具有某种意义。

听到欧洲的召唤

完成土耳其的工作回到日本后没几天，我又收到了CTI美国总部的邮件，征询说："原本在西班牙教授CTI新课的人突然有事，你是否可以代劳？"

有土耳其的共时性在前，我隐约感受到了"势"的

第五章　与追求正确的答案相比，提出正确的问题更能丰盈我们的人生

来临，于是欣然接受了这个邀约。就在教授西班牙课程的某一天晚上，完成第二天的备课，本已躺在床上准备休息的我却突然思绪如潮，难以入眠。

在土耳其和西班牙教授CTI课程，令我心中对欧洲萌发出一股难以形容的乡愁。小时候因为父亲的工作，我曾在英国生活过四年。近期两番到访欧洲国家，幼时的感受逐渐复苏，与我对过往的怀念一起在心中涌动。

说得极端一点，我甚至觉得"自己仿佛听到了欧洲的召唤"。

就在那一瞬间，我产生了移居芬德霍恩的想法。那样的话，也许我就能解答生态村培训期间一直萦绕在心头的问题了……

此念一起我顿时坐卧难安，决定一回到日本便马上与妻子商议。

妻子因为对芬德霍恩感兴趣，所以并不反对，但当时女儿刚刚出生不久，妻子坚持"要等到孩子满一岁"。于是就在2005年9月女儿一岁生日的当天，我们举家搬到了芬德霍恩。

● 活出真正的自己

　　内外部信息的共同导引让我最终移居芬德霍恩。不过溯源去看，这一切其实都始于同一个问题："什么样的社会能让人充分发挥自身潜力？"这个问题一直令我念念不忘，而不断追问最终也明显改变了我的生活。

第五章　与追求正确的答案相比，提出正确的问题更能丰盈我们的人生

> **关键信息5**
>
> 与追求正确的答案相比，提出正确的问题更能丰盈我们的人生

针对关键信息5的解说

何为"正确问题"？

"正确问题"的含义并不是说谁都不会质疑这个问题，也不是说这个问题是唯一的、绝对的。当今社会往往热衷追求"正确答案"，我使用"正确问题"这一表述，意在提出一个与正确答案相反的视角。

日常生活中，"凡事皆有正确答案"的观念根深蒂固。从学校到职场，评价机制的着眼点都是如何快速找出正确答案，因此重视答案胜于问题，恐怕就避无可避了。

● 活出真正的自己

但是，当我们思考如何"活出真正的自我"时，我认为提出对自身有意义的问题比找到正确答案更重要，而这样的问题正是我所说的"正确问题"。当然，对自身有意义的问题因人而异。同样的问题，对甲意义非同寻常，对乙却无足轻重，也是屡见不鲜。

人生在世，总有各种各样的问题。但其中的正确问题，不会转瞬即逝，而是会始终让我们牵挂留意。以我为例，我的正确问题，一是在本章开头解说过的"什么样的社会能让人充分发挥自身潜力"，二是在美国留学期间一直思索的"怎样才能让人充满活力地工作"。

当然，我也不是时刻记着这些问题，只不过它们总会不经意地闪现在心头。而且每当我回顾过往时，更会意识到常常是这些问题在驱动我一路前进。"正确问题"才具有如此强大的力量。

问题的力量

在美国学习教练课程时，我首次体会到了问题的力量。教练技术可以说本就成于提问，也特别重视提问。在刚开始学习教练技术时，尤其强调对被教练者"刨根问底"，而且抛出的都是诸如"你真正想做的事是什么"之类的让人无法马上回答的并且没有正确答案的问题。这种方式能帮助对方从内心出发找到自己的答案，而不是向外界寻求答案。

教练的基本理念认为被教练者"一定知道所有必要的答案"。我们从小自接受学校教育开始，便习惯性认为"每个问题都必有唯一正解且答案来自外界"。所以，即便针对像自己想做什么、想怎样生活这样的问题，即使原本只有自己才知道答案所在，我们也倾向于从外界寻找答案。

教练过程中，当发现原本以为自己的内心并不知道的答案时，我们不仅会为找到答案而欢喜，也会因这份欢喜而感到内心充满力量。这也是问题的力量。

应该问什么问题？

问题多种多样，有的能带给自己力量，有的则会夺取我们的力量。例如，事与愿违之时，人们往往会疑惑："为什么偏偏是我遇上这个麻烦？"但这种问题再怎么追问也只会让我们自怜自哀，毫无益处。

面对同样的遭遇换个问题怎么样？比如，"这种情况下我能做什么"。即使答案没有立即出现在眼前，这样提问也能比前面的问题赋予内心更多的力量。正是如此，同样是提问，我认为能赋予自己力量的问法更好。

那么，怎样才能问出能赋予我们力量的问题呢？每天我们其实都会在不知不觉中问自己很多问题。其中，有些问题能打气，有些问题则会泄气。为了提出能给自身带来力量的问题，首先需要觉察到自己每天都在问什么问题。也就是说，要先问一个问题，即"我现在正在问自己什么问题呢"。

如果发现自己问的问题不能增强内心力量，那就试试"怎么提问才能赋予自己力量"。不管怎么说，关键在于对自己无意识的提问要有觉察，进而有意识地提出能为自己带来力量的问题。也许大家已经发现了，这与第四章中阐述的"赋意"的过程基本相同。如果通过

第五章 与追求正确的答案相比，提出正确的问题更能丰盈我们的人生

这一过程改变了提问，那么得出的回答自然也会随之改变。

与问题共生

当然，即使提出了可赋予自身力量的问题，也未必能够马上找到答案。问题越宏观，找到答案所需的时间越长。我们身处现代社会之中，不仅是出于习惯向外界寻求正确答案，而且同时也受迫于必须快点找到答案的压力，如此一来便很难"与问题共生"。

好问题恰似鱿鱼干，越嚼越令人回味；那些像口香糖一样咂摸两下就滋味全无的问题，不能说是好问题。或者可以类比葡萄酒，花费时间酝酿，收获值得品味的答案，也许才称得上是好问题。如果出于"必须快点找到答案"的压力一味求快，可能就提不出有质量的好问题，即使提出问题了也容易从外部世界随便找个答案，又或者在体会到内中真味之前就满足于肤浅的答案。长此以往，生命本身也会变得索然无味了吧。

● 活出真正的自己

要避开如此结果，首先要重视问题甚于答案。当今是极端重视答案的时代，提问失去了价值，甚至有人认为提问本身就不对。但我认为恰恰相反，我们一定要转变思路，提出问题进而持续追问才是真正有价值的地方。

问题从何而来？

我在前文提出，"正确问题"会时不时地在不经意间闪现心头，成为驱动人生前进的动力。可这样的问题究竟从何而来？我们要知道的是，并不是当事人有意识地决定"我要问这个问题"才产生了这样的问题，常常是注意到这样的问题时才发现其实早已萦绕心头许久了。

说到"问题意识"这个词，即使身处相同环境，接触相同信息，人们所具有的"问题意识"也迥然不同。我们生活的世界充满了问题，小到家庭和工作的问题，大到政治、经济、环保等社会问题，不一而足。我一直纳闷到底是什么因素决定了每个人不同的问题关注点。不仅仅是问题，个人兴趣也各不相同。如果追溯关注点

第五章　与追求正确的答案相比，提出正确的问题更能丰盈我们的人生

与兴趣的起源，我得出的结论是来自没有理由的世界，也就是说，它们并不是个人意愿的产物。

在第一章中，我曾写道："心中毫无理由涌现的'内在的声音'是上天馈赠的礼物。"从这个角度来看，源于内心的问题，即使不是我们主动选择的产物，也可以说是某种意义上的"内在的声音"。如此一来，也许可以说人们生来就带着这些问题。这么一想，是不是觉得更应该重视内心涌现出的问题了呢？

问题会随之进化

说到人们生来就带着问题，但是未必一生都在追寻着同一个特定的问题。就我的个人经验而言，问题会随着个人的成长而进化。进化过程好比玩角色扮演游戏：通过某一阶段，明了一个问题；然后晋级下一个阶段，出现新的问题。不过，我发觉不同阶段的问题并非完全不同，彼此的核心主题总有些相互关联。

以我为例，生平首次浮现的重要问题是"人们为什

● *活出真正的自己*

么要工作"以及"如何才能充满活力地工作"。当时我还是小学低年级的学生，父亲在银行工作，一说起工作他就会变得情绪不佳。我看在眼里，心里就起了疑惑，而且这些问题伴随我长到成年、进入职场。直到去美国留学时，我才开始彻底地正视这些问题。之后，就在追寻答案的过程中，我不知不觉地独创出了"创造天职"的理念，同时基于这一理念开设了工作坊。关于"创造天职"这个理念，我在《创造有意义的工作》（中华工商联合出版社 2020 年出版）一书中有详细介绍，欢迎感兴趣的读者深入了解。

　　后来，正如我在逸事 2 中所描述的那样，我在思考如何帮助参加创造天职工作坊的学员们实践所学的过程中遇到了教练技术。自此以后，"如何才能充分发挥自身潜力"这一问题在我心中愈发清晰。之所以说"愈发清晰"，是因为感觉这个问题实际上在我还在瑞可丽公司上班时就已经存在。究其原因，大概是我觉得"充满活力地工作"与"充分发挥自身潜力"高度相关吧。

　　后续发展便如本章逸事里介绍的那般，我建立起了

第五章　与追求正确的答案相比，提出正确的问题更能丰盈我们的人生

自己的教练事业，在持续推动事业发展的过程中，"如何才能充分发挥自身潜力"的这个问题升华为"什么样的社会才能让人充分发挥自身潜力"，而正是这个问题引导我前往芬德霍恩。

问题出现的时刻

如今回顾过往会发现，问题的出现常常意味着人生路上迎来了转折点。我辞职去美国留学之时，以教练立足之时，创办公司之时，从公司引退之时，举家迁居苏格兰之时——前文中介绍过的逸事里提到的这些时刻，无一不是做出重大决断的人生转折点。

但是，我并不清楚人生转折与问题的出现，何为因，何为果。这有点像"先有鸡还是先有蛋"，不过我想先有哪一个都不重要。可以确定的是，人生阶段发生改变之时必然会有问题相伴出现。

在问题之中，具有驱动人生前进的力量。正如汽油之于汽车，问题提供了开启行动的"动力"。而且，问题

● 活出真正的自己

之起，好奇心生，也能提高我们辨识相关信息的敏感度。问题一经提出，便仿佛磁铁产生"磁力"，它会吸引来我们需要的信息，有时甚至会引来我们需要的邂逅和事件。动力与磁力化为推动人生的双轮，助我们开启一扇扇生活新篇章的大门。

勇敢提出大问题

提问能产生的动力和磁力的大小，与问题的大小成正比关系，所以我认为不用害怕提出的问题过于宏大而又无法立刻找到答案。美洲原住民有句谚语说："提出问题使部落幸存，固守答案使部落灭亡。"他们有此一说，我想可能是因为提出问题既能激发人们搜集所需信息的动力，也能敦促人们开展行动吧。

另外一方面，满足于答案易生骄傲轻慢之心，削弱我们随机应变的能力。最近时常听到"复原力（Resilience）"这个词，提问确实也能增强复原力。当今世界在全球化与信息化并行之下瞬息万变，复原力作为灵活应对变化的能力，可以说是现代社会的必备能力。

失去提问的能力意味着停滞在个人的舒适区内，意味着不愿涉足未知领域。如果真有变化不多的安稳时代，不再提问也许能过得下去。但身处变化速度如此之快的现代，失去提问能力恐怕无异于"自杀"。而且我们人类当下正面临着前所未有的危机——气候变化、资源枯竭、恐怖袭击与难民问题日益严重。如果这些危机招致人类灭亡，我在想这是不是因为我们缺乏勇气去履行应尽的提问之责。

活出问题

写到这里，我已经针对问题的重要性展开了不少论述。生活导向从"重视答案"转换为"重视问题"，也许很难轻而易举地实现，但转换成功的话肯定会增加我们人生的广度与深度。

英语中有句话是"生命是个谜题（Life Is a Mystery）"。那么，提出无法立刻回答、宏大又深刻的问题，

活出真正的自己

也是为了进一步开放心扉来解开生命的谜题。生而为人，除了死亡之外没有任何事是必然。尽管人生充满谜题，但我们好像不以为然，前赴后继地总想求得答案。

我不禁感到，这种与人生充满谜题的事实背道而驰的活法不算是真正地活一场吧？诸如"我是谁""我为什么而活"之类的问题对我们而言意义重大，虽然无法获知答案，但是我认为正是在对其上下求索的过程中，我们活出了真正的自己。在本章结束之际，我想和大家分享一首告诉我此番道理的诗歌，作者是奥地利诗人莱纳·玛丽亚·里尔克（Rainer Maria Rilke）：

要寻求问题，不要寻求答案；
要寻求问题，然后，与问题共存；
经历充满疑惑的生活，
也许有一天，你将渐渐活出写满答案的人生。

此时此刻，你的心里有什么样的问题？你与你的问题一起生活多久了？

第六章

人活一世,皆带着意义而来

第六章 人活一世,皆带着意义而来

[逸事6] 跨越漫长的寒冬,结识两项民间运动

在芬德霍恩煎熬的两年半

对我而言,在芬德霍恩生活的两年半是一段相当煎熬的时光。当初只是抱着"去了就知道该做什么"的心态,并没有什么明确的目标。可惜,左等右等我始终没能有所发现。

当然,我并不是无所事事,也没有一味被动等待。只要发现有任何能让我心念一动的事,我肯定会义无反顾地投入其中,急迫得好比溺水的人要抓住救命的稻草。可是这稻草却好像从天而降的蛛丝,我一边祈祷

● 活出真正的自己

着千万别断，一边紧紧拉住，结果还是断了——就这样反复煎熬着。

这种感觉好像又把我带回到出国留学时还没有结识CTI教练之前的那段时光，什么发现都没有。想做的事如果与实际在做的事完美契合会令人身心振奋，难以名状。如果从没体验过，那日子也许反而好过。我做梦都没有想到，这种感觉一旦得而复失，居然如此煎熬。

我甚至在想，也许是看我已经完成了此生的使命，老天爷就不再照顾着我了？如今看来着实可笑的不安那时却时常盘桓在我的心头。而且，如果这一切只有我自己一人承受还好，可我一起带来了不会说英语的妻子和还在牙牙学语的女儿。她们千里迢迢辛苦相陪，我自己却找不到想做的事——此念一起，更令我焦虑得无以复加。

结识改变梦想（Change the Dream）活动

不过，常言道"冬天总会过去，黎明总会到来"，到

第六章 人活一世，皆带着意义而来

2007年春天时，情况开始一点点发生转变。就在那时，我结识了改变梦想"Change the Dream"活动①。

一位英国朋友跟我打电话时说要参加一个有趣的活动，我了解了一些详情后也感觉确实有意思，于是决定跟随前往。参加活动后，虽然我对活动主旨深感共鸣，不过坦白地讲，我认为活动的内容与推进方式还有改进的空间。

CTI的工作给了我很多举办体验式活动的经验，因此能关注到很多细节。虽然自觉越俎代庖，但活动结束后我还是给主办方提了很多反馈意见。

主办者回应："您的反馈很好。接下来我们会举办引导师的培训活动，这个活动的创始人会从美国过来，到时候您愿意面对面直接和他们谈谈吗？"

对方顺水推舟，我反倒骑虎难下了，于是决定顺势

---

① Change the Dream：中文意为"改变梦想"，既是指美国非营利组织Pachamama联盟于2005年发起创办的活动，也是以该活动为核心的一系列市民运动的统称。该活动倡导"让全世界实现环境可持续发展、社会公正、精神充实的生活方式"。

● *活出真正的自己*

而为。一个月后，在引导师培训活动上我见到了两位美国创始人，他们都智行深厚，令人敬仰。在与他们会面后，我此前关于活动主旨不错、可惜内容单薄的想法也发生了改变。虽然我没有立即着手做什么，但也打算回到日本后尝试，在此之前自己先好好揣摩酝酿一番。

结识转型城镇（Transition Town）活动

"Transition Town"[①]意为"转型城镇"，是诞生于英国的公民运动。参加改变梦想引导师培训时听到的这个概念一直让我念念不忘。

我现在也想不起来当时为什么那么在意。心有所念时，又恰好听说转型城镇运动的创始人将于当年11月在

---

① Transition Town 即"转型城镇"，是由 Rob Hopkins 于2006年在英格兰南部的 Totnes 镇创始的公民运动。"Transition"一词意为过渡、转变，目的在于鼓励公民从过度依赖石油等化石燃料的生活方式转变为更有利于可持续发展的生活方式，依靠公民自发的创造和改善来实现城镇转型。

第六章 人活一世，皆带着意义而来

伦敦的某个会议上发表演讲，我决定前往一听。这一听不要紧，我发现创始人所倡导的理念正是我一直探寻的东西，顿时兴奋不已。

第二年1月，我短暂回国期间碰到了三位大约四年前共同参加"朴门永续文化"[①]课程时认识的朋友。我向他们介绍了有关转型城镇运动的理念，考虑到转型城镇也是以朴门的永续生活理念为基础，我想这三位朋友也许能感受到这一理念的魅力。

果然如我所料，我告诉他们转型城镇运动的创始人将于当年3月到芬德霍恩的会议上再次发表演讲时，三人几乎当场约定共同前往。

到了3月，三人果然抵达芬德霍恩听了转型城镇创始人的演讲，纷纷点头认可；加之我定于当年6月返回

---

① 朴门永续文化：朴门为英文"Permaculture"的音译，意为永续生活理念或永恒农业，源于澳大利亚生态学家 Bill Mollison（比尔·莫利森）、David Holmgren（大卫·霍姆格伦）为创造适合人类长远可持续发展的环境而设计的一套农业生态系统。"Permaculture"一词原为英文的 Permanent（永恒、永远）与 Agriculture（农业、农耕）两个词复合而成，逐渐也成为 Permanent 与 Culture（文化）的复合缩略语。

日本，于是大家相约一起在日本推广转型城镇运动，一时气氛热烈。

共同点在于"赋能"

我差不多同时接触到了"改变梦想"与"转型城镇"这两个公民运动。随着了解的深入，我意识到二者所倡导的理念都有助于回答当初把我带到芬德霍恩的那个问题，即"如何创造一个能让人充分发挥自身潜力的社会"。

与此同时我也发现，包括CTI的共创式教练在内，吸引我的这三个活动看似毫无关联，但实际上都紧扣着"赋能"这个关键词，都以"支持人充分发挥自身潜力"为共同着眼点。

教练赋能于个人，转型城镇赋能于地区，改变梦想则是赋能于普通民众。受众虽不相同，但就其赋能的目的而言，三者系出同源。

在这里要重点说明的是，这些事并不是我安排顺序

第六章 人活一世，皆带着意义而来

并按计划完成的，而是跟着内在的声音一路前行，待到回头看时才发现已经形成了一条笔直的大道。

我相信生而为人，皆带着目的而来，而我的一生必定与"赋能"紧密相连。

> **关键信息 6**
>
> 人活一世,皆带着意义而来

针对关键信息 6 的解说

何为生命的意义?

说到生命的意义,也许有人认为等同于"人生要达成的目标"。举一个例子,回答"你的生命的意义是什么"这个问题时,肯定会出现"成为总理"或"创办公司"这样的答案。虽然这些回答绝不算错,不过我说的"生命的意义",并不是指要达成或实现某个具体的目标,而是指始终存于内心的核心信条。

基于此意,我认为生命的意义不能用将来时或是过去时来描述，生命的意义应该用现在时态来表达，"是否为生命的意义活着"，或者"是否依循生命的意义活着"。它不是过去到未来这条时间轴上的某一"点"，倒更像是一条"线"、一条"道路"。而当我们走在这条道路上时会感到："就是这样，这才是真正的自我啊！"

生命的意义存于我们的内心，只有我们自己才能最终判断是否活出了生命的意义。也就是说，这不是诸如"成为总理"或"创办公司"之类的能让他人可以一目了然的事。不过，依循生命的意义而活的人总是心存明确的核心信条，所以意志坚定，即便一时惶惑也能迅速复原。因此，如果碰到具有这种特征的人，多半在其左右就能感觉到他们依循着自己的生命的意义而活着。

生命的意义是回想起来的

我相信，生命的意义与其说是"发现"的，不如说是"回想"起来的。换句话说，我相信生而为人，皆带着意义而来。当然，这无法用科学证明。但是，生命的

● 活出真正的自己

意义并非由头脑思考得出，而是存于心魂，甚或在身体细胞的感触之中。当我们依循其生活时，不需要任何理由，自会有所感知。人生因浸润其中而得自在，又因自在而了然。如同DNA一般，我想生命的意义也应是我们与生俱来的基因。

正如同DNA一样，每个人的生命的意义都是独一无二的，既没有优劣之分，也无需与他人比较高下。而且无论能否意识到，生命的意义都存在于每个人的心中。想不起来生命的意义并不意味着生命的意义不存在，而且即便想不起来，我们也往往是下意识地依循着它在生活。因此，相比纠结到底能不能想起来生命的意义，更需要关注的是我们自身是否能认识到每个人都是带着某种生命的意义而来到这个世界上的。

想起生命的意义，最大的优点是有助于有意识地活出"真正的自我"。如同指南针指示方向一般，生命的意义指引我们活出最贴近自我的人生。不过，想起生命的意义并不等于接下来就能始终不偏离它的指引而生活，事情没有那么简单。要想感知并依循生命的意义而生活，我们需要付出相当的努力和勇气，以及保持自律。此外，我觉得很多时候生命的意义不是在某个时刻会被全部想起的，而是我们跨越一生逐渐回想起来的信念。从这个意义上也许可以说，人生就是回想起自己的生命的意义，并进而依循它生活的一段旅行。

人生原本是否有意义？

读到这里，大家心中会浮现出"人生原本是否有意义存在"这个疑问吧。如前所述，目前无法从科学上证明每个人生来就带着意义，至少现阶段还不能。因此，我们无法直接断言"有"，相反也无法判断"没有"。相比起来，我认为关键在于：相信哪一种说法能带给自己力量。

无论是否相信每个人生而带着意义，答案都会大大影响我们对人生的理解与生活的态度。不觉得人生有什么意义，为了过上安稳一些的生活，认为平日兢兢业业努力面对人生就足以——以如此立场看待人生当然也没有关系，我本就无意将"人生而带着意义"的观点强加于人。只不过，选择相信生命的意义的做法，丰富了，也加深了我的生活体验，而且我认识很多有相同感受的人，所以我推荐人们秉持这样的信念去生活。

有些人可能会问："如果人生本有意义，但我却无从想起，那么人生会不会过得很困苦？"如果认为只要想不起生命的意义就无法过上幸福的生活，那日子当然会过得艰难。然而，想不出生命的意义也有可能生活幸福，这绝不是必要条件。不过也许可以说，有了生命的意义，我们可以过上精神世界更丰盛、更有意义的人生。

如何回想起生命的意义？

那么，如何回想起与生俱来的生命的意义呢？方法虽有多种，我最推荐的是听从内在的声音。我曾在第一章中写道，内在的声音是毫无理由的，从自己的心中自然流淌而出的声音，它是上天赐予我们的礼物。说起上天为何要赐给我们这样的礼物，是为了让我们想起自己为何来到这个世界上，换言之，就是为了让我们想起生命的意义。

我听从内在的声音,辞去工作,自费前往美国学习,学习了教练技术。而后,内在的声音告诉我"是时候继续前进了",于是我奔赴苏格兰,结识了"改变梦想"和"转型城镇"活动。这一切的发生不是出于自己的计划,而是遵循内在的声音顺势而为的结果。当我思考这些理念和活动为何如此吸引自己时,我察觉到其共同点在于赋能。而这正说明内在的声音引导着我发现了生命的意义。

另一种有效回想起生命的意义的方法是留意自己的心动时刻。这里的心动不仅可以是积极情绪,如"兴奋""喜悦""激动""希望",也可以是消极情绪,如"悲伤""恐惧""愤怒"或"绝望"。因为无论积极或消极情绪,对于我们而言都意味着发生了牵动心绪的大事。如果内心关切得到满足,心情会变得积极向上,反之则消极低沉。有意思的是,心绪何时波动、如何波动因人而异。正是出于这一重要原因,我相信人人皆有与生俱来的特有的意义。心动且翻涌而出的情绪恰似标识,告诉我们"生命的意义在此"。

●活出真正的自己

选择家人来到世间

　　进一步审视自己出生、成长的环境也有助于我们回想起生命的意义。举例说来，出生在哪个国家或地区，出生在什么样的家庭，拥有什么样的社会和经济条件，出生性别乃至身体特征都对人生具有或大或小的影响。

　　世间多数人认为自己无法选择出生和成长的环境，一切"系出偶然"，所以出身条件相对优越的算走运，反之便是不走运。但是，假设我们想起了生命的意义，为了活出生命的意义而自己选择了最适合的环境呢？

　　以自身为例。我的父亲相当独断专行，从小到大经常无视我的意愿告诉我应该做什么、不应该做什么。而且越是到升学、找工作这样的重要时刻，他越发专断。我在大学休学一年去澳大利亚工作也好，从就职瑞可利再到辞职去美国学习也罢，父亲都是一概反对，完全没打算听听我的想法。当然，现在的我能理解他的反对也是出于父爱，可是当时真令人沮丧。不过，正是因为在父亲这样的影响下长大,当我首次接触"答案就在自己心中"的教练理念时产生了极大的共鸣,之后作为教练在辅导过程中发现的确很多人的心中都有自己的答案,而赋予他们践行心中答案的能量让我体会到了发自内心的喜悦。换句话说,我相信正是为了回想起自己的生命的意义,我特意选择了这样的父亲来到这个世界上。

缘分是相互的

这个想法不仅适用于通常我们认为无法选择的父母,就算放到我们认为是选择而来的配偶以及所生子女身上,我想也说得通。也就是说,配偶和孩子为帮助我们回想并践行自己生命的意义而来到我们的身边,与我们自身的意志毫无关系。

如今已上初中的女儿在10多年前出生时,就已经令我察觉到内心有所改变。不仅是为人父母的自我觉醒,原本一片茫然的未来也骤然变得鲜活可见。我对这个孩子未来生活的世界负有责任——这个想法促使我之后陆

● 活出真正的自己

续参加了多个以创造可持续发展未来为宗旨的公民活动。

如此自述可能让我看起来像个称职的父亲，实际上在日常生活中，初为人父时同样懵懂无知，我也有许多不足。但是，想到女儿也是为了想起并践行自己的生命的意义而选择了我和妻子作为她的父母来到这个世界上，我便自我安慰现在的模样就是最好的，而不去特意端什么为人父的架子了。

女儿选择了我成为她的父亲，我认为我的最大贡献就是当她听到自己内在的声音、萌生出"我想做这件事"的念头时竭尽所能地给予她支持。儿童时期表达真实想法相对容易，当大人们听到时，重要的是给予尊重，而不是用成人的逻辑来打消孩子的想法。例如，当孩子说"我想当歌手"时，别一副过来人的嘴脸居高临下地否定："歌手是想当就能当的吗？"请俯身回应："小家伙，你一定很喜欢唱歌吧？"

如此这般，我们为了回想并践行自己的生命的意义，挑选了现在的家人作为最适合的生长环境来到这个世界上。同样，对于家人们而言也是如此，我们也是他们回想并践行自己的生命的意义的最匹配的存在，我们彼此之间不是单方面的，而是互惠互利的关系。而且，不仅是家人，我想人生因缘际会的所有人之间莫不如是。有句谚语说的好——"今生擦肩而过本是前缘早定"。我甚至觉得，也许人人早在今生降世之前便已约好要在恰如其分的时点相遇，启迪彼此的生命的意义。

回"家"

"回想起与生俱来的生命的意义"，这个过程就好像作为推理小说的主角解开谜题一般引人入胜。解开谜题的关键是，在人生的种种关键时刻准备好各式各样的变动和际遇，并且了解自己所处的特定环境与感情倾向这些已知条件。

每次想到这些，我总是联想起格林童话中《汉赛尔和格莱特》的故事。

在这个故事里，汉赛尔与格莱特这对兄妹被遗弃在森林里，为了能安全回家，他们沿路撒下白色石子做记

● 活出真正的自己

号，这些白色石子即使在夜晚也能反射月光让他们认得回家的路。如果将生命的意义视为"自己的家"，那么指引回家之路的白色石子就是我们自己备好的变动与际遇。只要沿着这"一路抛撒的标记"，我们就能像故事里的兄妹俩一样回到家，找到自己的生命的意义。

"活出真正的自己"，就是活出自己的生命的意义，回到自己的"家"。可是我们的人生大部分时间都"不在家"，仿佛命中注定一般，总是过着"游离在外"的生活。"游离在外"的状态会持续多久因人而异，也有人从此深陷其中，不管不顾地认为"人生就这样了"。另一方面，总也有人无法忍受游离在外的煎熬，毅然踏上自我探索的归家之旅。就这个意义而言，阅读至此的各位读者也许可以说已经行在途中了吧？

那么，为什么我们会陷入"游离在外"的状态中呢？答案是，只有体验过非本我，才能辨识出真正的自我。这也许是个悖论，但从这个意义上可以说，我们在自己的人生中体会到的违和感是一种非常重要的感觉。因为这种感觉好比拉响了内部警报，警示人们在那一时刻与自己的生命的意义脱节而游离在外了。

用行动展现生命的意义

说到"回想起自己的生命的意义",也许有人认为只需静静坐下来思考即可,不过单靠想恐怕难以实现。实际上,付诸行动才能帮助我们回想起生命的意义。

那么,如何用行动展现生命的意义呢?以我为例。我现在的生命的意义是"通过赋能于人、赋能于社区来创造和平可持续发展的未来",体现到行动上就可以是我应用教练技术帮助他人或参与本地的各种公民运动等。即使退而求其次,也可以发送电子邮件鼓励他人,或者外出参加关于可持续发展的讲座等,不一而足。

遵循生命的意义着手采取实际行动,很容易帮助我们明确心意——如果感觉对路,自然从此可将其作为生命的意义有意识地保留;如果不对路,那也有助于我们排除辨别,继续下一步的探索。

不过生命的意义并不像数学题那样总有个正确答案。

不管感觉多么对路，也不过是假说。不过虽然是假说，也并非毫无意义。遵循"假说"行事，必须依靠行动"检验"。借助从假说到验证的循环，我们能发现更加对路的表达，同时就像上一章提到的秉持的问题一样，生命的意义也会随之拓展深化。

是否应该用语言描述生命的意义？

你的生命的意义是什么？遇到这个提问，人们通常都是用语言来回答。的确，生命的意义可以用语言来描述，不过在我看来，生命的意义归根结底代表着一个人的特定能量，或者说更像是一种波动。因此，我们可能会发现单纯用语言很难说明生命的意义。有时也许要通过图片、声音乃至身体动作来表现更为贴切。

当然，这并不是说用语言描述生命的意义就一无是处。即便不能表述得百分之百完美，但语言表达便于我们回想起生命的意义。就这个益处而言，表述生命的意义不必文辞华丽，有关键词突显要义就足够了，比如我的生命的意义就是"赋能"。总之，用语言描述生命的意义只是一种方便我们回想起自己特有的能量或者波动的机制。

用语言描述生命的意义时不要只是在脑子里想一想，最好能宣之于口，也就是"表达"出来。如此一试，才能便于我们察觉用以表达的措辞能多大程度地与自己特有的能量或者波动产生共鸣。尝试不同的词语和表达方式，看看哪一种最能触动自己的身心。这就好像是在小心翼翼地转动调频收音机上的旋钮，不断尝试不同频率只为找到最清晰动听的音效。

生命的意义为谁而存在？

生命的意义是活出真我的动力源和指南针，但绝不仅仅只为了自我而存在。例如，假如一个人说"我的生命的意义是获得幸福"，这并非不好，作为出发点也无可厚非，但这个说法体现的只是自我完结的状态。

人具有社会性，就如同"人间"的说法，人与人彼此之间相互联系。因此，要活出有意义的人生，有必要

活出真正的自己

了解实现自己的生命的意义会对周围的人和世界产生何种影响。更进一步说，实现自己生命的意义可以对周遭产生积极的影响，但这并不意味着要单纯牺牲自己，奉献给他人与世界。相反，这意味着要充分激发自我的能量，竭尽所能地为周围的人和世界做贡献。

美国有一个原住民部落一直保有所谓"愿景探索"的风俗。在"愿景探索"期间，行将成人的孩子独自进入荒野深处，没有食物，不能睡觉，直到想明白自己为何而生、打算如何为周围的人和世界做贡献才算找到了自己的愿景，才算通过了这个颇为残酷的成人考验仪式。仪式探索的"愿景"几乎可以视为生命的意义的同义词，在这些原住民的世界里，想清楚愿景是被人认可、成为独当一面的大人的必要条件。现代社会很难做到如此坚决与彻底，然而值得我们学习的是其中蕴含的理念，即每个人都应回想起自己的生命的意义，活出自己的人生，为这个世界作出自己的贡献。

那么，你带着什么样的生命的意义来到这个世界？你的生命的意义又会对世界产生什么样的影响呢？

第七章

行动不是出于某种原因，行动了才能明确原因

第七章　行动不是出于某种原因，行动了才能明确原因

[逸事7] 探访亚马逊原住民，回归公司经营

定居藤野，启动转型城镇活动

也许是受前缘指引，2008年6月我回到日本后决定定居藤野。藤野位于神奈川县西北部，是一座充满山居风情的小镇，人口约有一万。同为朴门课程毕业生的友人夫妇也居住在藤野，我刚一落脚便与他们一起着手筹备转型城镇活动。

不过，考虑到刚刚搬来不久，如果突然在小镇上大肆宣传转型城镇这种不明就里的舶来概念，久居藤野的居民们恐怕会感到不快。于是我们决定从当地有影响力的人士入手，先逐一向他们解说活动理念。

● 活出真正的自己

令人欣喜的是，结果与我们的担心恰恰相反，我们拜访的对象都心态开放地听取了介绍，还表示"会支持这么有意义的活动"。

之后，我们面向感兴趣的人举办了说明会，逐步推广筹备。到了我回国大约半年后，也就是2009年2月，我们开始招募活动运营人员，正式成立了"藤野转型城镇"这个自愿型公民组织。

与此同时，我们与曾远赴芬德霍恩拜访的朋友们共同发起成立"日本转型城镇"这个非盈利组织（2009年5月正式注册为非盈利组织），开始面向全国各地推广转型城镇的活动。

得助一臂之力，驱动"改变梦想"活动

另一方面，"改变梦想"虽然也举办了两次实验性质的活动，但其中有一段共计两个小时的介绍影片没有配日文字幕，始终欠缺感染力。我犯愁要怎么筹措资金和投入时间去配上字幕，活动有些停滞不前。

第七章　行动不是出于某种原因，行动了才能明确原因

就在那时，2008年11月，堪称世界最大规模的教练国际会议在加拿大蒙特利尔召开，我借机介绍了"改变梦想"活动。大约200人的参会者中有若干来自日本的同仁，他们会后询问我是否在日本也会开展此项活动。在听说我为影片日文字幕发愁后，他们立刻表示"我们也一起帮忙，一定要在日本做成"。在如此热情有力的支援之下，事情很快有了进展。

2009年4月，因为得到大家的协助，介绍影片的日文字幕添加完成。5月，我们举办了日本首届"改变梦想"引导师培训，培养了20多位可以提供"改变梦想"活动的引导师。以此为契机，我们还正式成立了"七世代"非盈利志愿组织（2011年3月正式注册为非盈利组织），与"转型城镇"活动并行不悖地开展各类活动。

突如其来的想法

就这样，我们在日本大力推广"改变梦想"和"转型城镇"这两大公民运动。2010年3月，作为"改变梦

● *活出真正的自己*

想"活动的一环,我们策划了厄瓜多尔之旅,前往南美洲亚马逊热带雨林探访当地原住民。途中我趁着在旧金山停留的机会回到了久违的CTI办公室,也有机会与其中一位创始人交流。自2003年年底卸任CTI日本负责人以来,我基本再没有参与过日常的经营管理,但仍以顾问身份负责同CTI美国总部的重要沟通,这次借机回访也是因为当时有些事需要处理。

当我谈到原定于当年4月启动的一个项目因人数不足取消时,这位平素温和的创始人突然脸色涨红,气愤地说:"取消还不是因为你们的心思已经不在CTI了吗?"如此指责也并非全无道理,过去几年来我在事业上追求多元化发展,除CTI之外接连开展了不少新项目,当然相应分走了不少精力。

当天晚上,我彻夜难眠。脑海中突如其来浮现出自我卸任以来从未想过的一个问题:"我是否应该重回CTI日本公司呢?"我当时并不能确定这是不是"内在的声音",或许这只是因为创始人的埋怨激发了我的责任感?我怀揣着这些疑虑踏上了厄瓜多尔的旅程。

第七章　行动不是出于某种原因，行动了才能明确原因

通过原住民仪式更加确信

旅程为期约两周，其间的亮点是访问生活在亚马逊雨林深处的一个部族，并有机会参加当地人代代相传的一个传统仪式。在仪式上，当地人会饮用某种植物制成的"圣水"，借助圣水就能预见自己想要明了的未来愿景。主持仪式的巫师们一番精心准备，到日落向晚时我们每个参与仪式的人都喝到了定制的圣水。可是，等了又等也没发生任何变化。于是我又得到了第二杯个人特调圣水，但还是没出现任何变化。

第二天，巫师再次到来，逐一倾听每个参与者的感受，并解说寓意。当我坦承自己喝了两杯圣水，但前后并无差别时，巫师说："圣水蕴含正能量，饮用后与人体内的负能量发生碰撞，从而让饮用者看到克服负能量需要的愿景。那么，你既然喝了两杯圣水都没看到什么，就就意味着此刻你的体内没有负能量。"

听完这番解释，我确信"应该回归CTI日本公司"

● 活出真正的自己

的声音是来自内心真实的呼唤，我决定响应并跟随。其实我仍不确定为什么应该回去，但原因对我来说并不那么重要，最重要的是确定这个声音是否是内在的声音。如果是，我相信只要跟随走下去最终自会明了原因。

只是，重返CTI日本公司参与经营需要做好充分的心理准备，因为这意味着必须离开此前倾注心血的两大公民运动。就像最初开始创建CTI日本公司一样，我深知重返后的工作量之大是绝不可能仅靠投入空余时间就能完成的。

幸运的是，公司对我决定回归表示欢迎。旅程结束返回日本的一个月之内，我匆匆忙忙完成了所有必要的交接工作，五月假期一过就回到CTI日本公司出任首席执行官。我的人生中经历过许多重大变化，但这次转变之剧烈，此前从未有过。

第七章　行动不是出于某种原因，行动了才能明确原因

> **关键信息 7**
>
> 行动不是出于某种原因，行动了才能明了原因

针对关键信息 7 的解说

为什么行动前总要找个理由？

当我们想做某件事情时，周围的人往往会询问做这件事的正当理由。如果这件事没多少人做，或者这件事不同寻常，那就更是如此了。无论是谁在下决心做某件事之后，多少都遇到过一两次被父母亲朋或同僚上司问"你为什么要这样做"或"这样做是为了什么"之类的问题吧。

在这样的场景中，也许提问的人没有什么特别的考

● 活出真正的自己

虑，只是那么直白的一问，回答的人也可能就是不假思索的一答。但一次次重复这种交流后，许多人不知何时起形成了这样的思维定式：要行动必须先有明确的理由；或者反过来想，没有明确的理由就不能采取行动。等习惯了这种思维定式，往往还没开始行动，脑海里就先一遍遍反复地想要跟周围人怎么解释缘由了。

首次意识到这一思维定式，正值我 20 多岁，那时的我想去美国留学，参加公司的公派留学选拔多次落选却又屡败屡战（见前文逸事）。每次到高管面试的环节都会被问到："你为什么要出国留学？"公司出钱资助你留学，询问原因理所当然。我自然也把自己绞尽脑汁考虑过的理由充分表达一番，但每次的反馈都是："我们理解你想出国留学的愿望，但不太明白你要留学的原因。"可悲的是，高管们的说法还真是一针见血。我确实想出国留学，但我也真不清楚为什么。后来我想辞掉工作自费留学，向周围人坦诚想法时就有人表示："连明确的理由都解释不清，最好别冒险了。"

第七章　行动不是出于某种原因，行动了才能明确原因

行动不是靠大脑而是靠用心

那么为什么行动需要理由呢？有什么充分合理的证据证明没有理由就做不成事吗？换个角度讲，有理由，行动就一定能成功吗？正如第三章所述，没有人能提前知晓未来，不行动起来试试看，就不可能知道是否会成功。非要给无法确定的事找个理由，意义何在？

讲理由也好，讲道理也罢，其中的"理"字正如字面所讲源于理性，是来自大脑、表达思维的语言，而且是基于我们过去的经验而来。与此相对，行动指向未来，与带有"意"字的词汇，如意愿和意志系出同源，是源于心灵、触及灵魂的语言。开拓未来靠"意志"，而非"理性"驱动。换言之，行动是用心做成的，不是靠脑子想成的。做事有理由支撑就能成功的想法也许能安抚自己和周围人，但其实只能带来"虚假"的安全感，并不能真正令人信服。

成事的关键在于，采取行动时是否有"意"。换句话

● 活出真正的自己

说，有"想做"的意愿，有"开干"的意志，要比明确知道"为什么做"更为重要。意愿和意志会为行动注入力量，而这与明确做事的理由相比更能增加成事的概率，您以为如何？

毫无理由的才是本真

有理由意味着有考量。也就是说，做事之前心存"这样做了，就会出现这样的结果"的期待。采取行动要投入时间和精力，有时还要花费金钱，但仍然存在即便行动也无法达到预期结果的风险。仅仅考虑到这些成本和风险与回报不相匹配就不行动，那纯粹是算计。许多人就是循着这种思路权衡好利弊，然后再决定实际中做与不做，一般也都认为这样权衡做事的方式既理所当然又十分必要，但果真如此吗？

与先权衡再做事的方式不同，做一件事单纯就是出于想做，行动开始后即使不能保证成功也还是想做，则意味着不为期待，也没有算计。如此也意味着行事的意

第七章　行动不是出于某种原因，行动了才能明确原因

义在于行动本身，而不在行动的结果。我认为这种"没有理由的行动"更为纯粹，才是本真。

前文说到过"理由是头脑的语言，基于过去的经验而来"，换一个说法的话，就是说语言并不是我们纯粹的内生之物。我在本书第一章中曾叙述过，思考真正的自己到底是谁时，我相信我们不是从别人的说法或是做法，而是从自己心中自然涌现的毫无理由的声音中获得启示，也正是如此我才采取了很多"毫无理由的行动"。

理由会随之而来

如此这般，我有很多次类似的经历，在遵循"毫无理由的声音"行动后，过了一段时间再回顾时才恍然大悟："啊，原来是为了这个。"例如，我在2003年年底听从内在的声音"是时候前进了"而离开CTI日本公司，当时完全不知道接下来会发生什么。后来搬去苏格兰，在那里开始接触了解"改变梦想"和"转型城镇"这两大公民运动，并引介到日本。直到那时，我才最终意识

● 活出真正的自己

到"是因为这个，我退出了 CTI 日本公司"。

话到此处，恐怕有些读者会这样认为："这是个巧合吧？不过是根据结果倒推出的论断。"的确有这种可能。正如我在第四章所说，人类具备赋意的能力，所以无论结果如何，总能为结局之所以如此而找出个理由来。但是，相比纠结是不是以结果推断，这里的关键反而在于理由先行和理由后至对自己人生的影响有何差异。

换言之，一种方式就像先写好个剧本，然后剧情照此展开；另一种是没有剧本，随心之所向推进，之后再去回顾总结意义。虽然前者感觉更为普遍，不过俗话说的好，"人生是一场没有剧本的演出"，我觉得后者的方式更为自然。前者的关注重点是事情是否依照剧本发展，任何貌似与此无关的信息和事务都是"无用"的，感觉有碍发展的信息和事物都被视为"麻烦"，会被不断舍弃。后者，因为本就没有设定剧本，那么任何信息、事物都可能成为故事的素材，可以带着好奇心去接受。两相比较，哪种方式能为人生带来更多可能呢？答案不言自明了吧。

第七章 行动不是出于某种原因，行动了才能明确原因

期待与信赖

关于行事之道，我想针对"期待"说一些自己的想法。之所以要说，是因为我认为先写好剧本再依循推进的方式往往容易遭遇我所说的"期待的牢笼"。前文也曾谈及，人们采取行动时往往期待事情的发展走向符合"只要这样做了，结果势必如此"。也就是说，人人都预期特定时间发生特定事件，相反要是出现不符合预期的意外，就会感到失望和不满。这就是我所说的"期待的牢笼"。其实，把"期待"这个词拆解开来，其含义可以理解为"等待时机"。这只是单纯表达要等待时机，并不是说什么时候会发生什么事。

坦白地讲，我自己也曾落入"期待的牢笼"之中。"逸事6"中曾讲述了从2005年秋天到2008年春天，我带着家人定居苏格兰芬德霍恩生态村两年半的经历，在我迄今为止的人生中那是一段特别艰辛的时光。当时公司正在稳步发展，我却中途退出，还带着不会说英语的妻

● 活出真正的自己

子和牙牙学语的女儿搬到异国他乡的偏僻村庄里，蛰伏许久也没有确定自己下一步做什么才好，从而倍感困扰。如果换个角度描述当时的心理，我就是抱着"已经做出这么多牺牲了，怎么着也应该快要有所发现了"的期待。

　　苦闷中的我有一天在芬德霍恩的一处冥想室里偶然驻足，从那里放置的天使卡牌中信手抽了一张。天使卡牌共有百张，每一张都写着提点抽牌人当下要义的简短箴言。我抽出的那张上面写着"顺从"二字。其他卡牌上都是积极向上的词语，比如"自由""爱""创造性"，等等。抽到"顺从"这么个怎么看都有些消极倒退的词语，令我颇感意外。我心想："这到底是什么意思？"于是我拿起附近的天使卡牌解读书查找，发现了如下解释："你是否期待得到什么？老天自有安排，你需要相信并顺从。"读到这里，我感觉一下被戳中了痛处。我为自己一边忧虑又一边有所期待的傲慢感到羞耻，同时，我觉得视野一下子打开了，明白至今没找到下一步目标的原因了。自此之后，我抛开了所谓期待，转而静候"总会找到"的时机。结果没过多久，我便邂逅了"改变梦想"，紧接

第七章　行动不是出于某种原因，行动了才能明确原因

着"转型城镇"也来了。

当有所期待采取行动时，同时也会心生惶恐和不安，担心"如果事情发展与期待不一样怎么办"。相比之下，相信"该来的总会来"，这能让我们放下对特定时间应有特定结果的执念，是一种充满信任的方式。这也可与本书第三章中解说过的"彻底的信任"遥相呼应。换句话说，如果能视宇宙为友，就不需要期望获得特定的结果，也就能相信"所有事都不能阻碍我"了。

不抱期待地行动

我这里所说的信任并不等同于无所作为地被动等待、不设期待地行动。这样表达感觉是一种陌生的行事方式，其实有一句人尽皆知的古语完美地概括了同样的意义，那就是"尽人事，听天命"。我一直很喜欢这句话，可以说是我的座右铭了。

这句话里的"尽人事"指"人要尽己所能去做事"，"听天命"指"无论结果如何都要顺其自然"，同时也表示"无

论结果如何都相信是最好的安排"。这并非被动接受，反而正是因为积极谋事才会产生如此坚实的信任吧？

我相信，如果一个人能够将这种信任加固到不可动摇的程度，那些阻止我们行动的原因，尤其是心理上的原因都会迎刃而解。换言之，人们之所以不采取行动，根源就在于期待与信赖的问题。接下来我将对大多数人遭遇的"期待的牢笼"以及从中逃脱的方法进行介绍。

挣脱"期待的牢笼"

不管是自己的人生经历，还是以教练技术帮助很多人行动起来迈向憧憬的未来所积累的经验，都让我对阻碍行动的事由有了很多学习和了解。这期间，我发现很多人都陷入了某种形态的"期待的牢笼"中，由此很多时候让他们停滞不前。

最常见的牢笼就是担忧"如果失败了该怎么办"。当然，谁都不想失败，谁都想成功，这是人之常情。然而，想成功就是期待，而且总是伴随着"万一不成功该怎么

第七章　行动不是出于某种原因，行动了才能明确原因

办"的恐惧与不安。因此，害怕失败而不敢行动，实际与我们心中的期待大有关联。没有期待成功，也就不会恐惧失败。

另一个阻碍人们采取行动的牢笼是顾忌"别人怎么想"。这种顾忌的内涵也是期待"别人认可自己"，会因为"别人要是不看好怎么办"而恐惧和不安，它同样与期待大有关联。而且，这种情况因为还牵扯了其他人的期待，实际是一个更糟糕的牢笼。希望得到他人认可当然也是人之常情，但越渴望满足他人期待，就越容易被其画地为牢，甚至裹挟牵制得动弹不了。

为了避免被这类期待的牢笼束缚手脚，首先要在期待心起时就及时自我觉察。然后，不要立即否定期待，而要承认抱持这些期待非常自然，但应同时意识到连带而来的风险。具体来说风险就在于，当我们感觉到期待很可能无法得到满足时，也要认识到会出现取消行动的危险。进一步讲，期待更多的是关注未来的结果。为了避开期待的牢笼，我们必须聚焦眼前即将采取的行动，不去想太多结果，应集中精力去放手行动。

最终选择的道路是为正解

另一个阻碍行动的牢笼是"如果选择了错误的道路怎么办",它可以说是上文提到的"失败了怎么办"的衍生品,在面临人生重大抉择时特别容易深陷其中。潜藏在恐惧和不安背后的想法是:人生有且只有一种正确的活法。可是,果真如此吗?

站在人生的岔路口上,如果真的只有其中一条是正道,那迈步选择时十分慎重当然就理所应当了。但假使只能选择一条路,那肯定无从得知其余道路通向何种结局;即使过后回想"当初选择另一条路会更好吧",事实是否如此也无人知晓。如此一来,最愚不可及的做法难道不是谨慎过度、无法决断,在岔路口上徘徊不前吗?

如果根本不知道哪条路是正确答案,那么我认为相信最终选择就是正解,于心理健康最为有利。即使感觉情况不对,也可以视为正解走下去试试看,说不定就开辟新道路了。即便确定走错了,那接下来要做的不过是调整方向、重新出发，因为人生道路的转折点常常就在脚下。

从低处结出的果实摘起

尝试重大挑战时，最容易陷入的误区就是"想一开始就挑战攀登高峰"，可从山脚仰望山顶时，慑于山高两腿发软，甚至无法迈出一步。说起突然挑战登山，谁都会踌躇不决吧。不过在冒这种风险之前，令人意外的是可以做的事还不少。

我在20多岁考虑辞职赴美留学时，最初也觉得障碍重重而难以跨越。但是在实际冒险踏出这一步之前，我考虑了哪些是我能做的事。例如，阅读有关留学的书籍和杂志，咨询留学中介机构，向留过学的人讨教经验，等等。当收集了足够的信息，对于去哪里学习什么内容有了想法后，我请年假去了一趟美国，还旁听了心仪大学的课程。如"逸事1"所述，不知为何在旁听时脑海里已经浮现出自己在这里学习的画面。就这样，我做了一件又一件风险并不大的事，在这个过程中，我发觉原本让我觉得难以企及的标高线在不知不觉间降低了不少。

英语中有句谚语是这么说的："从低处结出的果实摘起。"它的意思是说，"做事不要从最高的难度开始，而要从你能够到的高度开始"。再直白点儿，就是"从会做的开始"。还借用登山来比喻，从山脚仰望山顶，如果巍峨高耸的山令人裹足不前，那就把登山的路程分成10段，先以攀登到十分之一处为目标开始行进。一点一点坚持做这些眼前"会做的事情"，不经意间抬起头也许会发现起初遥不可及的山顶居然快到了。

变换车道

我想继续借喻爬山来解说另一个误区，即笃信"只有这一条登山道"。登山时如遇道路因故不通，无法前行，直接放弃登顶返回并不是个好主意；但坚信登山只有这一条路，结果在那里进退维谷、徘徊不前也需要好好反

第七章 行动不是出于某种原因，行动了才能明确原因

思。通向山顶的道路很少只有一条，通常都能找到多条。即使有点绕路，以向上行进为目标继续行动都好过放弃折返或徘徊不前。

更进一步讲，也许没有必要一直爬同一座山，因为人们往往想要同时攀登好几座不同的山峰。例如，本章开头曾介绍过我从苏格兰回来后同时参与了两个公民运动，即"改变梦想"和"转型城镇"，但我并不总是对两者给予同等比重的对待。如若其中之一暂时因故无法向前推进，我不会固执己见，非要强求，反而会转换思路，思考为另一个活动能做些什么。而且好几次都是这么转换行事之后情况发生了变化，我又继续从事原来的活动了。

还可以借喻"变换车道"来形容这种情况。高速公路上划分不同车道，同一条车道上如果车流放缓，那就改变行动路线，并线到另一条车道上去，也就相当于另辟蹊径采取行动。此时如果无视有其他车道的事实，只看见自己当下所在的车道，深陷"只有这条车道"的误区而放慢行动的步伐，那可就太可惜了。

● 活出真正的自己

"不管怎样"，放手一试

我们分析介绍了阻碍采取行动的心理因素以及应对办法。一言以蔽之，"别想未来的事，不管怎样先做能做的事"。这里的"不管怎样"是个关键点。无法采取行动时，往往是因为想得太多，而想得越多，前进的脚步就越沉重。"别想太多"可能听起来很轻率，但事实是，很多事不亲自尝试就无法了解，所以我想无需多言，在想太多阻碍行动之前赶紧先从小事开始做起才最关键。恰恰是"不管怎样"这个神奇字眼让行动得以"轻装上路"。

值得注意的是，准备采取行动时，可能脑海里还会浮现出一个念头："这么做有什么结果？"换言之就是认为"这种事做了也是浪费"。这也可以说是个误区。"浪费"本身"没有意义"，但我认为任何行动都有意义，一无是处的行动不存在。而且行动的意义是在行动之后明了的，而不是之前。即便如此，依然在采取行动之前就认定其没有意义的举动，那才是"没有意义的"吧。

第七章　行动不是出于某种原因，行动了才能明确原因

有句话这么说："与其后悔自己没做过，不如后悔自己做过。"在行动前陷入迷茫时，即便结果完全难以预料，我认为"不管怎样"，放手一试的做法会让我们后悔更少。你怎么看？

当下，你有什么"没有理由但就想去做"的事吗？为此，不管怎样，你最初能做的事有哪些呢？

第八章

迄今为止的经历，都是为将来做的准备

第八章　迄今为止的经历，都是为将来做的准备

[逸事8] 开辟新的道路，成立"更好生活研究所"

寻找新的故事

时隔六年再次回到CTI日本公司参与管理，此时与彼时已大不相同。对于自己究竟能做什么，我既没自信，也没胜算。但我相信，出于某种原因需要我回归，无论如何我要尽己所能。

数据显示，CTI日本公司几年来一直苦于销售增长，可经营状态又谈不上陷入危机。但是，我能感觉到存在一种数字无法体现出的危机。如果必须言明，我想称之为"缺少故事"。

一家企业从成立之初到发展壮大,需要有能令众人感到共鸣、可以分享的故事。当然,故事有多种多样,但最有必要明确的是"我们这家企业为何而存在",而且这个有关存在意义的故事应该随着公司的发展和环境的变化不断地升华。就此而言,当时CTI日本公司成立已有10年,创业之初的故事似乎已经失去了鲜明的感召力。

那么,怎么才能创作出一个新故事呢?我想只有依靠员工之间的充分交流,所以在就任首席执行官后,我立即着手创造坦诚对话的机会。

来自东日本大地震的口号

新故事诞生的契机却是2011年3月11日的东日本大地震及随后引发的福岛第一核电站泄露事故。不仅日本东北地区的一些居民直接因此蒙难,天灾人祸也间接颠覆了很多人的人生观和世界观。

我自己当然也深受震撼,支撑我的是迄今为止通过参加CTI、"改变梦想"及"转型城镇"等诸多活动积累

第八章 迄今为止的经历，都是为将来做的准备

下来的学习收获。特别是CTI的共创式教练（Co-Active Coaching）和共创式领导力（Co-Active Leadership）教会了我直面问题时如何具体思考、如何行动，在震后的日子里既为我指点迷津，也成了我寄托身心的港湾。

我一直觉得"共创"不仅是技能，更是一种帮助我们无论何时都能活出自己幸福模样的智慧。在经历了东日本大地震之后，我对此深信不疑。紧迫感也随之同来，我迫切地想要向更多人、以更快的步伐分享这样的智慧。于是，"让共创走得更快更远"的口号应运而生。

做只有自己能做的事

值得一提的是，在这次接手管理CTI日本公司时，我想做只有自己才能做的事情，所以我留意着要将"改变梦想"和"转型城镇"这两个公民活动中学到的成果充分利用起来。大地震发生后的第一时间，我发起设立了"3·11项目"，以与一家民间救灾组织合作的形式吸纳共创式教练的学员作为志愿者参与东北灾区救援，尝

● 活出真正的自己

试在救援工作中创造一种不局限于教练模式的共创联结。

我们还开发出了名为"共创式对话"的为期半天的课程。向那些不一定对教练技术感兴趣，但渴望更好的沟通和人际关系的人们传递共创式教练里蕴含的通用智慧。

这些尝试超出了教练的范畴，其中不乏以前视为禁忌的举措。但为了将代表"让共创走得更快更远"的新故事付诸实践，我们竭尽所能，奋勇向前。

得益于这些尝试与努力，到了2011年下半年，CTI日本公司的氛围明显为之一变，相应变化也随即体现在课程参与人数与销售额等可视化的指标上。决定回归CTI日本公司时，我原本也没打算要一直管理下去。2012年元旦过后，我愈发感觉到此次回归应完成的任务已圆满完成，于是同年6月，在完成一次大范围的课程修订后，我决定再次离任。

不做介绍者和指挥者

回顾2000年创立CTI日本公司之后的12年，可以

第八章 迄今为止的经历，都是为将来做的准备

说我充当了一名"介绍者"的角色，将"共创""改变梦想"以及"转型城镇"这些兴起于海外的非凡理念与举措引介到了日本。随后，为了推广相应活动，我创立并经营企业与非营利组织，以"指挥者"身份发挥了自己的作用。在第二次离开CTI日本公司时，我对自己说："我要放下这两个角色了。"

我希望将自己一路走来的心得、一路学习的收获梳理整合，然后传递分享给对此感兴趣的人们。所以，2012年年底我成立了"更好生活研究所"。恰在此时，藤野的新居亦同时完工，身心顿感焕然一新，再度踏上全新旅程。

与以往相同，关于接下来想做的事，我还没什么具体的想法。不过，迄今为止在生活中所经历的一切，我认为其实都在为将来要做的事情做准备。基于这一想法，我开始思量当下能做什么，或者说只有当下的我能做的事是什么。

> **关键信息 8**
>
> 迄今为止的经历,都是为将来做的准备

针对关键信息 8 的解说

人生不是跳棋

我常常感到这世界的芸芸众生,大多认为人生要有个"上进"的方向,关键还要越快实现越好。所谓"上进"往往指向某一目标,既可以具象为成为政治家、公司总裁,或者拥有一套家宅,求得一位佳偶,等等;也可以是变得富有、出名或是成功这样抽象的状态。无论是什么,大家在意的都是希望自己能快马加鞭尽早达成。

可惜,人生并不是跳棋。人生有目标当然不是坏事,

第八章 迄今为止的经历，都是为将来做的准备

但有目标既不意味着没实现的话，生活就毫无价值，也不意味着实现了生活就到此结束了。过着跳棋式生活的人过度执着于上下进退的结果，到头来既无法发现过程本身的价值，达成目标后也往往陷入茫然无措的状态中。

实际上，许多人可能患有所谓的"目标丧失综合症"。不时有娱乐圈和体育界明星传出滥用药物，甚至自杀的消息，我猜测原因应是陷入了目标丧失的状态中，为了摆脱这种困境而走火入魔。旁观者也许会疑惑，明明成功得令人羡慕，为何还会走极端？但事实是，如果一直盯着山顶向上攀爬，终于登顶后的空虚感也许强烈得超乎想象。

登顶后的恐惧

其实我曾有过类似体会。自己写的第一本书销量高于预期，促使我成立了一家教练公司。规模虽然不大，但发展还算顺利，就在那个时刻我陷入了目标丧失的状态中。仅仅做大公司业务并不能激发我的热情，所以我登上和平号，听到内在的声音说"是时候继续前进了"，

于是人生前行的方向就此改变。

20多岁的我曾立志："35岁自立，事业拓展到国际，自己写书并出版。"在某个时刻，我意识到，虽然个人事业规模不大，但自己已经实现了所有这些目标。我不知道这是不是自己对做大事业热情不高的原因。只是，当我离开公司移居苏格兰时，心中对接下来做什么一片茫然，回想起来可真是煎熬。

在倍感煎熬的时刻，忽然有个问题闪现在我的脑海中——难道自己已经登顶了？总感觉老天爷给我发了一个"光荣退休证"，安抚我说："辛苦了，你已经充分发挥了自己的作用。"现在想起来不过一笑而过的事，在当时却让我一本正经地思索良久。但也正是这段心路历程，令我摆脱了视人生如跳棋、只一味向前进的执念，开始把人生看成一个持续进化的过程。

戴上人生观这副眼镜

视人生如跳棋，还是将其视为一个不断进化的过程，

第八章 迄今为止的经历，都是为将来做的准备

反映的都是"人生观"的问题。人生观多种多样，一百个人有一百种人生态度。这种情况不仅限于人生观，任何看待事物的方式都不能以"对错"或"优劣"加以区分。在我看来，唯一的区别是对我们个人而言"是否有用"。

我这里提出"是否有用"的观点，是指持有这种观点时我们能否从中感受到内心生发的力量。这个标准对人生观尤其适用，因为与昙花一现相比，我们更需要的是贯穿人生始终的力量。在跳棋式的人生中，不断上进前行时自然会充满力量；可一旦达到目标便陷入目标丧失的状态中，变得意志消沉，很难说这样的人生观能带来令人终生受益的力量吧。

我常以"眼镜"比喻看待事物、理解事物的方式。这个比喻的妙处在于能帮助我们明白一个道理，就像眼镜的度数不合适可以更换一样，如果当下看待事物的方式不能带给我们力量，当然也可以"更换"。何种人生观能真正赋能，当然因人而异。不过，鉴于人生观之于人生的重要影响，面对众多"眼镜"选择之时恐怕要慎之又慎。

● *活出真正的自己*

步步登高的人生观和顺流前行的人生观

　　说到人生观时,"登山"也是常见的比喻。以山顶为目标一路攀登,以赢得棋局为目标一路前进——这两者在比拟人生观方面有相通之处。也就是说,人生的上进之路等同于攀登顶峰。但是,我觉得令人出乎意料的是,似乎很少有人考虑过登顶后的走势。设想一下真正登山的情形,到达山顶后就只剩一路下行了。下不了山意味着遭遇变故,不就像罹患目标丧失综合症一样吗?

　　这不是一件可笑的事。"人生如登山"的认知不是个别人佩戴的"眼镜",似乎已广泛获得了社会层面的认可,而且这一观念还总是与年龄挂钩。虽然想法因人而异,但大多数人都认为40岁基本是人生的顶峰,之前一直在走上坡路,其后便会一路向下了,所以耳边才总能听到50多岁的人感叹"余生都是下坡路啦"。我想这是个极好的例子,说明视人生为登山的观念多么根深蒂固。

　　两相比较,我认为将人生进程比作顺流前行更为合

第八章 迄今为止的经历，都是为将来做的准备

适。任何河流都发源于涓涓细流，一路流淌中会不断有其他小溪汇入其中，河流渐渐变宽，最终奔流入海。人生亦同此理，伴随时间推移会逐渐成长壮大，逐渐变得丰富厚重。这种顺流前行的人生观也与本书第三章中提到的"顺势而为"相互关联。

将人生视为步步登高，还是顺流前行？也许你认为两者都只是一种意象，但选择戴上哪一副眼镜却会给我们的人生带来莫大的影响。当然，人生观绝不仅仅只有这两种，不过接下来我想多谈一点对顺流前行的人生观的想法。

人生经常更新

如果人生像一条河流，那么种种人生经历便可比喻为汇入干流的条条支流。生活中的每一天都会持续不断地积累新的经验，在重重叠加之下我们的人生之河也会逐渐变得宽广。值得注意的是，每当有新支流汇入，干流便不同于过往，更新为一条新的河流。

人生亦同此理，不断积累新经验，不断因此焕然新生。可惜，抱有这种感受的人难得一见。我推测主要原因在于，我们没有把自己的日常经验视为"资源"。别说资源了，每日的经历往往被一些人视为毫无意义，甚至一无是处的事。然而，正如第四章所述，人生中发生的每一件事都有其意义所在，既然没有无用的经验，那么自然任何经验都可以成为我们的资源。

要让某种经验转变为真正的资源，需要从中找到一定的价值，同时在生活中实践。当然，要如此活用所有人生经历并不容易，但我们越是能有意识地将人生经历视为资源，就越有可能加以利用。

整合经验，升级人生

如果像上面所述那样有意识地活用自己的经验经历，不仅人生能常更常新，这些经验经历也将会整合进我们的人生。这里用"整合"这个词，意指"以有意义的方式成为整体的一部分"。新的经验可能会增加资源的数

第八章　迄今为止的经历，都是为将来做的准备

量，但是如果不善加利用，积累得再丰富，也不过是"空守宝山，任其蒙尘"罢了。宝藏的价值取决于如何利用，只是简单收集堆放毫无意义。那么，整合经验具体而言是什么呢？接下来我想结合我的逸事做进一步说明。

体验亚马逊森林深处的宗教仪式后，我决意回归CTI日本公司的管理工作，但当时并不明确回归的目的。我能明确的是，创建之始我的角色与近六年后返回公司所应发挥的作用应该有所不同。这期间我搬去过苏格兰，结识了"改变梦想"与"转型城镇"这两大公民运动，并回到日本推广——累积了这些经历的我肯定存在只有我才能发挥的作用，所以内在的声音才会再次响起将我召回吧。

现在再回头看这个只有我才能发挥的作用时，我想可以用"赋能教练"来概括。教练工作本身就是要赋能于人和组织的一种工作，但我觉得其潜力还未得到完全挖掘，所以在实践中一直尝试利用离开教练工作期间收获的公民运动的视点和推广办法来帮助教练释放更多的潜力。这个努力所呈现出的具体成果是本章逸事中提到

的"3·11项目"以及"共创对话术"。

通过这样的方式到底能为教练赋能多少,我还不得而知。不过,至少我总是有意识地要利用以前在"改变梦想"和"转型城镇"这两个公民运动中收获的经验。我想这样做能帮助自己整合经验,即便是管理同一家公司,所能发挥的作用也与以前不可同日而语。总而言之,通过整合过往经验,我的人生得以"升级"。

物尽其用

尝试以这种方式整合经验升级人生时,我们都需要一种力量,可以简单地将之归结为"创造力"。不过这并不是笼统指称任何创造力,而是指"物尽其用"的特定创造力。

好比做饭可分为两种行为模式:第一种首先决定做什么,然后采买所缺食材再开火;第二种是根据冰箱里现有的食材考虑要做什么菜。两种模式虽然都需要创造力,但整合经验时所需要的是第二种,也就是能够"物尽其用"的创造力。

具体说来，人生的种种经历就好比冰箱中储备的各种食材，做出何种菜品，要看料理人如何施展手艺。针对食材的烹饪可以视为对经验的整合，那做好的菜肴便相当于我们升级的人生。

通过这个比喻也可以明确的是，烹饪需要多种食材，统合所需的经验"资源"也不只一种，而是多种多样，既可以多次利用，也可以任意搭配生成无限种组合。也就是说，升级人生的办法绝非只有一种，可以说多得超乎想象。

如果上天给了你一个柠檬，那就把它做成柠檬汁

这里反复提及经验、经历，说起来只是简单的一个词，不过其中有些经验源于有心栽花，有些则是无心插柳；有些经验是向往已久，有些恐怕还避闪不及。我所比喻为资源的，建议有意识地通过活用整合进人生的经验范畴涵盖以上所有类别。换言之，努力争取的、合乎期

● 活出真正的自己

望的、无意收获的、不期而至的所有经验都包含在内。

要充分利用无意收获、不期而至的经验资源，需要开放的心胸和一定的灵活度。我在美国留学期间听过的一句话恰如其分地说出了其中要义："如果上天给了你一只柠檬，那就把它做成柠檬水。"得到柠檬时如果抱怨说："不，我想要橙子！"这于事无补。如果你所拥有的经验就像是这只并不合乎心意的柠檬，你要做的是发现价值，思考用途，还可以尝试能不能与其他经验资源相结合，像加糖、加蜂蜜一般将柠檬做成好喝的柠檬水就行了。

以我自己的经历为例。因父亲的工作关系，小学时我曾在英国生活过，其间曾遭遇过恶劣的种族歧视，可以说那是一段无意收获的不期而至的经历，而且相当痛苦，它带来的创伤感在其后相当长的一段时间里都难以磨灭。但是，正因为这段经历，让我接触不同文化族群的人们并与之深入交流，这总能带给我莫大的喜悦。现在我从事跨越国界的工作，缘起也是那段经历已被整合，融入了我的人生。也就是说，当年酸涩的柠檬已被做成了可口的柠檬水。

第八章 迄今为止的经历，都是为将来做的准备

可能性会随着年龄的增长而拓展

循此思路，眼中的人生是不是从此变得充满了无限的可能呢？而且随着年龄的增长，可能性也会不断扩展而愈发广阔。这是因为年龄越大，经验越多，意味着人生可利用的资源也就越多，配置组合亦随之越发多样。当然，年龄的增长也会带来体力、精力的衰减，但这些也能因多年来积累的经验资源所弥补。

遗憾的是，当下的普遍观念仍然是，年龄越大，尤其是过了从40岁到50岁这一阶段的所谓"人生高峰"之后，身心越发衰微。前文也阐述过这种登山式人生观。但是，人类据说在不远的未来将迎来"平均寿命过百"的时代，如果还继续固守这种人生观，那不仅无益于个人，于整个世界而言也将是巨大的损失。

如果视人生如登山，到四五十岁就认为是登上了山顶，那开始变得不给力的恐怕不仅仅是腿脚，连头脑意识也会陷入"守势"中。年过半百以后只要试图挑战新

鲜事物时，多数周围人估计都会异口同声地揶揄："一把年纪了，还做什么梦？"面对这种观念，恰好有一个著名反例。肯德基（KFC）的创始人桑德斯上校在创业之时已年过六旬，常被人亲切地称呼为"上校爷爷"的他如果拘泥于登山式的人生观，囿于"守势"，那就根本不会有肯德基这家业务遍及全球的跨国连锁企业了。

日本的人口、特别是劳动人口数量的减少不利于经济与社会发展的警钟已经鸣响许久了。若要尽可能减弱其影响，不仅需要解决出生率下降的问题，积极推进女性就业，还必须从根本上转变这种人生观，打造一个能让更多的人摆脱年龄的束缚，充分利用自身积累的资源的社会。

人生也有四季

我想将自己笃信的一种人生观写在本章结尾，与各位读者共享，那就是人生也有四季之分。预感将有新事物到来，跃跃欲试的"春季"；确定关键点并为之全力以

第八章 迄今为止的经历，都是为将来做的准备

赴，忙碌奔波的"夏季"；此前努力结出硕果，同时出现需要发生转变的提示，开启内省的"秋季"；深度探索内心的疑问，放下重要的事物，为下一轮四季转换做好准备的"冬季"。大多数人认为生活亦步亦趋跟随时间的流逝一往直前，但我认为人生是一个包含四季的周而复始的循环过程。

当我回顾自己迄今为止的人生时，自觉一直在重复着四季轮转的过程，并且差不多以 10 年为一周期。20 岁的后半程辞去工作前往美国留学，是为人生之冬季。那时心中疑惑"人如何才能充满干劲地去工作"，并因此创办了"创造天职工作坊"，找到教练这个有助于创造天职的方法。

而后回国，一边举办创造天职工作坊，一边辅之以教练指导服务，这一段都相当于春季。此后我写了一本介绍教练技术的书，销量超出预期；为了将自己在 CTI 学习的教练课程在日本推广而创办公司，这些是为夏季。随后，因过度劳累而生病，登上和平号了解了世界现状，原本对此漠不关心的我开始产生危机感，是为秋季。结

● *活出真正的自己*

果,在 30 岁将尽、40 岁未至之际我退出公司的管理,开始思索"什么样的社会能让人们充分发挥潜力",为此连同家人移居苏格兰,进入又一个冬季。而在这个冬季里,我接触到了旨在创建可持续发展社会的"改变梦想"与"转型城镇"公民运动,并将其引入日本,也因此开启了春夏秋冬新一轮的周而复始。

每当四季轮替一周时,迄今为止的经验会进行整合,升级人生,这是我眼中的人生进程模式。循环迭代进而更新升级,从这个角度可以说人生是"螺旋式上升"的过程。走在螺旋式的人生道路上,关键是明确当前处于哪个季节,不要错失季节转换的时机。为此需要注意倾听内在的声音这一来自内心的提示,还要关注外界环境中的共时性和"势"发出的信号,这些正是我在本书开头所介绍的内容。是的,终点即是起点,又一轮的循环开始启动。

你的人生目前处于哪个季节呢?你想利用哪些经验又如何升级人生呢?

后　记

阅读至此感觉如何？接下来的人生道路上，是否已经出现了新的可能和选项？如果已经有了萌芽，我希望你立刻付诸行动，哪怕只向那个方向迈出一小步。都说要"趁热打铁"，如果一直想着"迟早会做"，你可能会愕然发现自己又回到了原来的思维模式上。改变惯性思维可比改变行为习惯要艰难。也因为这个原因，当思想上的"触动"来袭时，正是基于与以往不同的思考方式采取不同行动的好时机。

我还想与诸位读者分享的是，八条关键信息并不是互相割裂的独立存在的，而是一个内在的相互联系的完整体系。具体说来，为了"顺势而为（关键信息3，以下仅列出数字）"，需要倾听"内在的声音（1）"，注意"共时性（2）"，并采取"无需理由的行动（7）"。我们也可以说，内心涌现的"正确问题（5）"就是某种"内在的声音（1）"，对"回想起人生的意义（6）"发挥着重要作用。此外，"人生所遇之事均有其意义所在（4）"与"回想起人生的意义（6）"相互关联的同时，也作为逻辑基础引出了"迄今为止的经历都是为将来做的准备（8）"这一观点。

八条关键信息构成完整系统，但并不意味着必须按顺序依次完成，反而是从任意一条切入都可以。如果八条关键信息中的其中一条触动了你想要开始行动，你必然会发现它与其他信息之间存在关联。因此，假如你在人生中遭遇了巨大的障碍，无法用以往的方式突破逾越，感觉需要从根本上重新审视生活方式时，请试着从八条关键信息中选出一条与当下最有共鸣的信息，然后采取相应的行动。

我在"逸事8"中提到了创立"更好生活研究所"，之后我自己一直秉持着这八条关键信息在人生道路上继续前行。写作这本书的时候，我也再次真切地感觉到，

后 记

这八条关键信息是我的安身之所。从创立研究所到现在，五年飞逝而去。当我回顾这五年中发生的重要事件时，每一件都超乎五年前的想象。但即便如此，我的内心仍然坚信，该发生的自会发生，我也是适得其所。

人们常说"现实比小说更奇妙"。如果将本书内容付诸实践，人生也将变得"比小说更奇妙"吧。这样的人生意味着与安稳保障无缘，但一定充满惊喜与发现，一定是我们独有的、体现真我的人生。同样是度过一生，一边过着安稳的日子，一边总念叨着"是不是该尝试一下不一样的人生"，与其读着别人的小说让自己心里好过一些，不如让自己成为小说的主人公，写就自己的人生小说，这一定更有意思。我心怀此念一步步走到今天，如果这本书能在世界上激励更多人"活出真正的自己"，于我而言便是莫大的喜悦了。

最后，本书得以付梓，离不开阿部文彦先生及其夫人裕香子女士，还有参加更好生活课堂的众位学员、星和美女士、宇都出雅巳先生，以及春秋出版社的佐藤清靖先生、杨木希女士的直接帮助。没有你们的鼎力协助，

● *活出真正的自己*

本书将无缘面世。

借此机会我谨向各位表达衷心感谢！

此外，这本书讲述了我的人生故事，在我经历这些故事的过程中还有许多人发挥了不可或缺的重要作用。尽管在逸事中没有提及任何个人姓名，同样为表达感激之情，请允许我在这里列出他们的名讳：儿玉民行先生、高野雅思先生、中野民夫先生、野口吉昭先生，以及我在CIIS学习时的导师Claude Wittmeyer和Joanna Macy，CTI的创立者Laura Whitworth（已故）、Karen&Henry Kimseyhouse夫妇，CTI日本公司以及Wake-up的诸位同事、"转型城镇"与"改变梦想"的各位同仁、"积极希望"与"Moebius"的各位朋友。承蒙各位的关爱，我的人生变得更加丰富多彩，在此一并鞠躬致谢。

作为结语，我想向一直以来对我的各种不合常规的决定表示理解和支持的妻子真穗，向我开拓新未来的动力源泉的独女凑，献上爱与感激。她们的出现，是我在"活出真正的自己"的道路上收获的举世无双的礼物。而我，只有不尽的感谢。